Dienst=Instruktion

für die

Königlich preußischen Förster

vom 23. Oktober 1868.

(Unter Berücksichtigung der bis zum 1. Juni 1912 ergangenen abändernden Bestimmungen, sowie unter teils wortgetreuer teils auszugsweiser Beigabe von Verfügungen usw., die zu den Vorschriften der Dienstinstruktion in Beziehung stehen. Die letzteren Verfügungen bezw. Vermerke sind unmittelbar im Anschluß an die betreffenden §§ in Kleindruck gesetzt, während die den Wortlaut der Instruktion abändernden Bestimmungen fett gedruckt sind.)

Springer-Verlag Berlin Heidelberg GmbH 1912

ISBN 978-3-662-40824-7   ISBN 978-3-662-41308-1 (eBook)
DOI 10.1007/978-3-662-41308-1

Inhaltsverzeichnis.

I. Allgemeine Verpflichtungen der Forstbeamten.

1. Dienstpflicht im allgemeinen . . . . . § 1.
2. Treue gegen König und Staat . . . . § 2.
3. Gehorsam gegen Vorgesetzte . . . . § 3.
4. Verhalten gegen das Publikum . . . § 4.
5. Amtsverschwiegenheit . . . . § 5.
6. Anständiger Lebenswandel . . . . . § 6.
7. Schuldenmachen und sonstige Geldesverbindungen . . . . § 7.
8. Versetzung . . . . § 8.
9. Veränderung des Wohnortes . . . . § 9.
10. Urlaub . . . . § 10.
11. Dienstkleidung . . . . § 11.
12. Verheiratung und sonstige Verwandtschafts= Beziehungen . . . . § 12.
13. Einkauf in die Witwenkasse (aufgehoben) . § 13.
14. Erkrankungen und Todesfall . . . . § 14.
15. Privataufträge und Nebenämter . . . § 15.
16. Nebengewerbe, namentlich Holzhandel, verboten . . . . § 16.
17. Verbot der Beteiligung bei Lizitationen von Holz usw. . . . . § 17.
18. Verbot der Annahme oder Auszahlung von Kassengeldern . . . . § 18.
19. Verbot der Beteiligung bei Holzanfuhren . § 19.
20. Verbot der Übernahme von Waldarbeiten und Bauten . . . . § 20.
21. Verbot der Beteiligung bei Pachtungen . § 21.
22. Ankauf von Holz und sonstigen Waldprodukten zum eigenen Bedarf . . . § 22.
23. Privatjagden . . . . § 23.
24. Erwerbung von Grundbesitz . . . . . § 24.
25. Besoldung und Emolumente:
    a) im allgemeinen . . . . § 25.
    b) freies Brennholz . . . . . . § 26—28.
    c) Dienstgebäude . . . . § 29.
    d) Dienstländereinutzung . . . . § 30—35.
    e) Waldweide . . . . § 36.

II. Besondere Verpflichtungen rücksichtlich der Geschäftsführung.

1. Geschäftskreis im allgemeinen . . . . § 37.
2. Dienstverhältnis zum Revierverwalter . § 38.
3. Bekanntmachung mit seinem Schutzbezirke . § 39.

4. Forstschutz:
    a) Ausübung des Forst= und Jagdschutzes im allgemeinen . . . . § 40.
    b) Führung des Forst=Rügenbuchs . . § 41.
    c) Verhütung von Insektenschäden . § 42.
    d) Verhütung von Waldbränden . . § 43.
    e) Verhütung von Wasserschäden . . § 44.
    f) Wind=, Schnee= und Duftbruch . § 45.
    g) Verhütung von Gefahr auf den Wegen § 46.
    h) Einhegung der Schonungen . . . § 47.
    i) Revision der Grenzen . . . . . § 48.
5. Hauungen und Holzabgabe:
    a) Anweisung der Schläge durch den Oberförster und Auszeichnung . . . § 49.
    b) Ausführung und Beaufsichtigung der Schläge . . . . § 50.
    c) Aufstellung der Hauerlohnzettel . § 51.
    d) Vermessung der Bau= und Nutzhölzer . § 52.
    e) Numerierung des Holzes . . . . § 53.
    f) Einrichtung des Nummer= und Anweisebuchs § 54.
    g) Abnahme der Schläge durch den Oberförster § 55.
    h) Holzabgabe . . . . § 56.
    i) Holzverabfolgezettel . . . . . § 57.
    k) Holzanweisung . . . . § 58.
    l) Verausgabung im Anweisebuch . . § 59.
    m) Aufbewahrung und Ablieferung der Holzverabfolgezettel . . . . § 60.
    n) Holzabgabe von nicht aufgearbeitetem Material . . . . § 61.
6. Abgabe von Waldnebenprodukten:
    a) Im allgemeinen . . . . § 62.
    b) Heidemiete, Raff= und Leseholz, Streu, Gras, Waldfrüchte usw. . . . . § 63.
    c) Waldweide . . . . § 64.
7. Ausübung der Jagd, Schießbuch . . . § 65.
8. Kulturen:
    a) Ausführung und Beaufsichtigung der Kulturen . . . . § 66.
    b) Aufstellung der Kulturlohnzettel . § 67.
    c) Verwendung von Forststrafarbeitern . § 68.
9. Waldpflege . . . . § 69.
10. Dienstpapiere und Inventarienstücke . . § 70.

III. Allgemeine Bestimmungen.

1. Anwendung der Instruktion auf die Forstschutzbeamten überhaupt . . . § 71.
2. Bestrafung der Dienstvergehen und Regreßpflicht § 72.

Abkürzungen.

D. J. B. = Danckelmann, Jahrbuch der Preußischen Forst= und Jagdgesetzgebung und =Verwaltung.

M. B. f. L. usw. = Ministerialblatt der Königlich Preußischen Verwaltung für Landwirtschaft, Domänen und Forsten.

M. E. = Ministerial=Erlaß (auch Zirkular=, Rund= und allgemeine Verfügung) des Ministeriums für Landwirtschaft, Domänen und Forsten.

I. Allgemeine Verpflichtungen der Forstbeamten.

§ 1.
Dienstpflicht im allgemeinen.

Jeder Forstbeamte hat sich mit den Pflichten, welche ihm sein Amt auferlegt, genau bekannt zu machen. Mit dem Eintritte in das Amt übernimmt er zugleich die volle Verantwortlichkeit für die pünktliche und vollständige Erfüllung aller seiner Amtspflichten. Die Angabe, daß ihm irgend eine dieser Pflichten nicht bekannt gewesen, kann die Folgen der Vernachlässigung oder Verletzung derselben nicht abwenden. Insbesondere wird aber die genaue Befolgung der nachstehenden Instruktion zur Dienstpflicht gemacht.

§ 2.
Treue gegen Se. Majestät den König und den Staat.

Die obersten Pflichten des Forstbeamten sind Treue und Gehorsam gegen Se. Majestät den König, Gehorsam gegen die Gesetze und Verordnungen, gewissenhafte Beobachtung der Verfassung und genaue Erfüllung aller Obliegenheiten seines Amts mit Betätigung des Mutes, den sein Beruf erfordert. Er soll den Nutzen Sr. Majestät des Königs und des Staats in allen Stücken fördern, Schaden und Nachteil aber, soweit in seinen Kräften steht, verhindern.

§ 3.
Gehorsam gegen Vorgesetzte.

Seinen Vorgesetzten hat der Forstbeamte stets mit gebührender Achtung zu begegnen und deren Verfügungen und Anordnungen pünktlich Folge zu leisten.

Das einzige Rechtsmittel, das einem nachgeordneten Beamten gegenüber Weisungen seines Dienstvorgesetzten offen steht, ist die Beschwerde an die höhere Aufsichtsinstanz, nicht das Verwaltungsstreitverfahren. (Urteil O. V. G. vom 20. Februar 1903. Deutsche Forstzeitung 1904, Seite 1103.)

§ 4.
Verhalten gegen das Publikum.

Im dienstlichen Verkehr mit dem Publikum hat der Forstbeamte mit dem Ernste und der Strenge, welche der Dienst erheischt, stets ein ruhiges und gefälliges Benehmen zu verbinden. Er darf sich durch nichts von der Erfüllung seiner Dienstpflichten abhalten lassen. Weder Eigennutz, Freundschaft, Feindschaft, Haß, Furcht und Rache, noch irgend welche andere Leidenschaft darf seine dienstlichen Handlungen beeinflussen. In bezug auf seine Dienstobliegenheiten darf er Geschenke, Vergütungen oder irgend welche Vorteile, auch für an sich nicht pflichtwidrige Handlungen oder Unterlassungen, weder selbst fordern oder annehmen, noch durch seine Angehörigen fordern oder annehmen lassen, unter welchem Vorwande und auf welche Art man ihm oder seinen Angehörigen solche auch anbieten möge. Werden ihm zum Zweck der Bestechung Geschenke angeboten, so ist er verpflichtet, die Personen, welche dies wagen sollten, sofort zur Anzeige zu bringen.

Belohnungen oder Vergütungen für nicht zu seinen Dienstobliegenheiten gehörende, aber seinem Verhältnisse als Forstbeamter entspringende Dienstleistungen für dritte Personen (§ 15) darf er nur mit Genehmigung der Regierung annehmen. Diese Genehmigung ist jedoch nicht erforderlich zur Annahme von Gebühren, welche von einer Gerichts- oder Gemeinheitsteilungs-Behörde angewiesen werden.

Zuwendungen seitens des allgemeinen Deutschen Jagdschutzvereins dürfen nach vorheriger Genehmigung durch die Königliche Regierung angenommen werden. Die Übermittlung aller Prämien hat durch die Revierverwalter zu erfolgen; Geldprämien dürfen nicht unter 20 M. betragen. Vorstehende Bestimmungen sind auch sinngemäß zur Anwendung zu bringen, wenn Zuwendungen seitens anderer Vereine usw. in Frage kommen. (M. E. vom 11. März 1902. III. 2124, in D. J. V. Bd. 34 S. 50).

§ 5.
Amtsverschwiegenheit.

Der Forstbeamte ist zu strenger Amtsverschwiegenheit verpflichtet. Er darf insbesondere anderen als durch ihre amtliche Stellung dazu berufenen Personen ohne besondere Ermächtigung seines Vorgesetzten die Einsicht von Akten oder Dienstpapieren nicht gestatten.

§ 6.
Anständiger Lebenswandel.

Der Forstbeamte muß stets einen anständigen, sittlichen und nüchternen Lebenswandel führen, sich besonders auch vor dem Laster des Spieles und Trunkes hüten und überhaupt durch sein Verhalten in und außer dem Amte der Achtung, des Ansehens und des Vertrauens, die sein Beruf erfordert, sich würdig zeigen.

Wird einem Forstbeamten nachgewiesen, daß er wiederholt im Zustande der Trunkenheit sich befunden, so muß ihm die Befugnis zum Waffengebrauche entzogen und das Verfahren auf Dienstentlassung gegen ihn eingeleitet werden.

§ 7.
Schuldenmachen und sonstige Geldesverbindungen.

Der Forstbeamte hat sich einer seinen Verhältnissen und seinem Diensteinkommen entsprechenden einfachen wirtschaftlichen Einrichtung zu befleißigen. Vor leichtsinnigem Schuldenmachen und Mißbrauch des Kredits muß er sich sorgfältig hüten, insbesondere aber die Ausstellung von Wechseln oder überhaupt die Annahme irgend einer Wechselverpflichtung vermeiden.

Mit Personen, welche ihm untergeben sind oder zu der Verwaltung seines Reviers in der Beziehung eines Rendanten, eines gewerbsmäßigen Holzkäufers, Unternehmers oder Arbeiters stehen, darf der Forstbeamte in Bürgschafts-, Darlehns- oder sonstige Geldesverbindungen sich nicht einlassen.

§ 8.
Versetzung.

Der Forstbeamte muß sich einer von der vorgesetzten Behörde im Interesse des Dienstes für erforderlich erachteten und angeordneten Versetzung unweigerlich fügen.

Bekanntmachung erledigter Försterstellen. Mindestzeitraum für den Verbleib der Förster auf ein und derselben Dienststelle. Um den Staatsförstern Gelegenheit zu geben, sich um frei werdende Stellen ihres Bezirks rechtzeitig zu bewerben, weise ich die Königliche Regierung im Verfolg des Erlasses vom 28. Juni 1898 — III. 9809 — hierdurch an, alle zur Erledigung gelangenden Staatsförsterstellen, soweit die zur Wiederbesetzung verfügbare Frist dies irgend gestattet, in der zu Neudamm erscheinenden Deutschen Forstzeitung bekannt zu machen und die Wiederbesetzung frühestens 10 Tage nach dem Erscheinen dieser Bekanntmachung zu verfügen.

Es ist erwünscht, daß derselben Zeitung, welche den Abdruck kostenfrei bewirken wird, auch Nachrichten über die Wiederbesetzung und sonstige Personal-Vermerke über Förster und Forsthilfsaufseher regelmäßig zugestellt werden.

Der Königlichen Regierung bleibt überlassen, die Stellen-Erledigung neben der Bekanntmachung in der Deutschen Forstzeitung noch in anderer ortsüblich wirksamer Weise kostenfrei bekannt zu machen.

Ich empfehle bei dieser Gelegenheit, auch bei der Besetzung von Försterstellen in der Regel nur Versetzungsgesuche solcher Beamten zu berücksichtigen, welche ihre jetzige Stelle bereits mindestens 5 Jahre innehaben. (M. E. vom 17. November 1901. III. 16722 in D. F. B. Band XXXIV, Seite 4.)

Vorzeitige Besetzung einer Forstdienststelle, deren Inhaber vor dem Eintritt der bereits verfügten Pensionierung verstorben ist. Wenn ein Forstbeamter, dessen Versetzung in den Ruhestand verfügt ist, vor dem Eintritt der Pensionierung stirbt und infolgedessen die Besoldung an die Hinterbliebenen noch über den Pensionstermin hinaus gezahlt werden muß, so tritt häufig der Fall ein, daß die Wiederbesetzung der erledigten Stelle und die sich daran anschließenden Personalverschiebungen zu dem Pensionstermine bereits angeordnet worden sind. In solchem Falle sind die Personalveränderungen nur hinauszuschieben, wenn dies ohne Schädigung des Dienstes und der Beamten möglich ist.

Können hiernach die Veränderungen nicht hinausgeschoben werden, so sind für die Zeit vom Pensionstermine bis zum Ende des Gnaden-Vierteljahres die bare Besoldung des Amtsnachfolgers des Verstorbenen sowie die baren Vergütungen, die den Hinterbliebenen statt der mit der Stelle etwa verbundenen, dem Amtsnachfolger einzuräumenden Dienstwohnung und freien Feuerung gewährt werden müssen, künftig als außeretatsmäßige Ausgaben zu behandeln, da sie bei Festsetzung des Staatshaushaltsetats nicht vorgesehen worden sind.

Da die Mittel zu außeretatsmäßigen Ausgaben von dem Herrn Finanzminister und mir besonders überwiesen werden müssen, so ist in jedem Einzelfalle an mich zu berichten. (M. E. vom 13. März 1905. III. 1615. M. B. f. L. usw. I. Jg. S. 73.)

Wegen Umzugskosten vgl. das „Gesetz betr. die Umzugskosten der Staatsbeamten vom 24. Februar 1877 (Gesetzsammlung S. 15). Umzugskosten sind nur dann zu vergüten, wenn der Ort, von welchem, und der

Ort, nach welchem die Versetzung stattfindet, zu verschiedenen Gemeindebezirken gehören (Beschluß des Staatsministeriums vom 13. Mai 1884 in D. J. B. Band XVI Seite 104 ff.).

Aufwendungen bei Versetzungen. Bei Versetzungen werden neben den gesetzlichen Entschädigungen den Beamten diejenigen Kosten erstattet, welche sie vom 1. April 1911 ab für die ortsüblichen Gebräuchen entsprechenden Maßnahmen zur Weitervermietung der Wohnung an dem bisherigen Dienstorte aufgewendet haben. Als erstattungsfähig können ohne weiteres die Aufwendungen a) für zweimalige Bekanntmachung in einer Zeitung oder einmalige Bekanntmachung in zwei Zeitungen und b) für sonstige Versuche zur Gewinnung eines Mieters (Aushang, Annahme eines Vermittlers) angesehen werden. (M. E. vom 15. November 1911. III. 11950 im M. B. f. L. usw. VII. Jg. S. 293.)

§ 9.
Veränderung des Wohnorts.

Der Forstbeamte darf den ihm angewiesenen Wohnort nur mit Bewilligung des Oberforstmeisters verändern.

§ 10.
Urlaub.

Ohne Urlaub darf der Forstbeamte seinen Dienstbezirk in der Regel nicht verlassen. Wird er ausnahmsweise durch nicht vorherzusehende Umstände genötigt, seinen Dienstbezirk zu verlassen, so hat er noch vor der Entfernung aus demselben seinem Vorgesetzten die unvermeidliche Abwesenheit schriftlich anzuzeigen und die Rückkehr tunlichst zu beschleunigen.

Den etwa direkt ihm zugehenden Aufforderungen der Gerichts- oder sonstigen Behörden zum Erscheinen bei auswärtigen Terminen hat der Förster zwar Folge zu leisten, er muß aber sogleich nach Empfang der Vorladung seinem Vorgesetzten davon Anzeige machen.

Urlaub bis zu 3 Tagen kann den Untergebenen der Oberförster, bis zu 5 Tagen der Forstmeister (jetzt **Regierungs- und Forstrat**), für längere Zeit nur die Regierung erteilen.

§ 11.
Dienstkleidung.

Vor seinen Vorgesetzten, zu dienstlichen Gerichtsterminen, bei öffentlichen Diensthandlungen und bei feierlichen Dienstgelegenheiten muß der Forstbeamte in der vorgeschriebenen Dienstkleidung erscheinen, welche bei Ausübung des Dienstes im Walde immer getragen werden muß.

§ 12.
(in der durch den Rd.-Erlaß v. 27. März 1896 III. 4060 — D. J. B. Bd. XXVIII S. 124 — abgeänderten Fassung).
Verheiratung und sonstige Verwandtschafts-Beziehungen.

Wenn der Forstbeamte sich verheiraten will, so hat er [sowohl hiervon als auch] von der demnächst erfolgten Verheiratung der Regierung durch seinen Vorgesetzten Anzeige zu erstatten.

Bemerkung: Die vorgängige Anzeigepflicht besteht nur noch für die nicht fest angestellten Forstbeamten. (Vgl. Verm. zu diesem Paragraph.)

Auch hat er seinem Vorgesetzten Anzeige zu machen, wenn er zu einem seiner Untergebenen oder Vorgesetzten, zu dem Forstrendanten oder zu sonst einer mit der Verwaltung seines Reviers in dauernder Berührung stehenden Person in ein nahes verwandt- oder schwägerschaftliches Verhältnis tritt, oder wenn eine in solchem Verhältnisse zu ihm bereits stehende Person in dauernde Berührung mit seiner Verwaltung gelangt.

Das Kgl. Staatsministerium hat beschlossen, die früher vorgeschriebene Verpflichtung zur Einholung des Ehekonsenses für die Staatsbeamten durch eine bloße Anzeigepflicht von der vollendeten Tatsache der Eheschließung zu ersetzen.

Hiernach ist auch im Geschäftsbereiche der Staatsforstverwaltung zu verfahren.

Mit Rücksicht auf die Schwierigkeit, welche die Beschaffung geeignet gelegener Mietswohnungen für verheiratete Beamte auf dem Lande vielfach findet, bleibt neben der Pflicht zur Anzeige von der stattgehabten Eheschließung auch die vorgängige Anzeigepflicht für die noch nicht festangestellten Forstbeamten bestehen, damit rechtzeitig wegen angemessener Verwendung derselben Verfügung getroffen werden kann, und häufige Verzüge, für welche Entschädigungen nicht zu gewähren sind, im Interesse des Dienstes und der beteiligten Beamten vermieden werden.

Hiernach ist die Dienst-Instruktion zu ergänzen. (M. E. vom 8. Dezember 1896 III. 17096 in D. J. B. Band XXIX Seite 2 und vom 15. Dezember 1896. III. 17186, ebendort S. 3.)

§ 13.
Einkauf in die Witwenkasse.

Aufgehoben durch § 22 des Gesetzes vom 20. Mai 1882, betr. die Fürsorge für die Witwen und Waisen der unmittelbaren Staatsbeamten (Ges.-S. S. 303).

§ 14.
Erkrankungen und Todesfall.

Wird der Beamte durch Erkrankung oder sonstige Abhaltung verhindert, seinen Dienst gehörig wahrzunehmen, so hat er davon seinem Vorgesetzten sofort Anzeige zu machen oder durch seine Angehörigen machen zu lassen. Unterläßt er die rechtzeitige Anzeige, so ist er für allen daraus erwachsenden Schaden verantwortlich und hat überdies disziplinarische Strafe zu gewärtigen. Er hat auch Vorsorge zu treffen, daß für den Fall seines Todes dem nächsten Vorgesetzten sogleich Anzeige gemacht wird.

§ 15.
Privataufträge und Nebenämter.

Aufträge von anderen Behörden, Kommunen, Instituten oder Privatpersonen, insbesondere zur Abgabe forstlicher Gutachten oder Erledigung einzelner Geschäfte als Sachverständiger, darf der Forstbeamte, sofern er nicht gesetzlich dazu verpflichtet ist, nur mit Genehmigung seines nächsten Vorgesetzten (vgl. § 10) übernehmen. Zur Annahme von Nebenämtern jeder Art, namentlich der Mitbeaufsichtigung von Privat-, Kommunal- usw. Forsten oder Jagden ist Genehmigung der Regierung erforderlich. Hat der Forstbeamte ein solches Nebenamt übernommen, oder ist ihm von Amts wegen zugleich der Schutz oder die Verwaltung von Kommunal-, Instituten- und Privatforsten übertragen, so hat er für diese alle Obliegenheiten mit gleichem Eifer und gleicher Treue zu erfüllen, wie für die Staatsforsten. Zur Übernahme einer Vormundschaft, zu welcher der Beamte nicht gesetzlich verpflichtet ist, bedarf es der Genehmigung der Regierung. Von Übernahme einer Vormundschaft oder eines Auftrages, zu welcher er gesetzlich verpflichtet ist, hat er dem nächsten Vorgesetzten sofort schriftlich Anzeige zu machen.

Hinsichtlich Übernahme einer Vormundschaft abgeändert durch das preußische Ausführungsgesetz zum Bürgerlichen Gesetzbuch (Gesetz v. 20. September 1899, Artikel 72. Ges.-S. S. 220). Danach bedarf, wer ein Staatsamt bekleidet, zur Übernahme einer Vormundschaft oder zur Fortführung einer vor dem Eintritt in das Amt übernommenen Vormundschaft der Erlaubnis der zunächst vorgesetzten Behörde. Das gleiche gilt für die Übernahme oder die Fortführung des Amtes eines Gegenvormunds, Pflegers oder Beistandes. Die Erlaubnis kann zurückgenommen werden.

Übernahme von Nebenämtern im allgemeinen. Hierüber bestimmt der M. E. vom 19. Oktober 1901. III. 14984 (D. J. B. Bd. XXXIV S. 7): „Um sich häufig wiederholende Berichterstattungen aus gleichen Anlässen im Interesse der Verminderung des Schreibwerkes zu vermeiden, bestimme ich, daß die durch Kabinets-Ordre vom 13. Juli 1839 geforderte Genehmigung der Zentralbehörde zur Übernahme eines Nebenamtes oder einer Nebenbeschäftigung, mit welcher eine fortlaufende Remuneration verbunden ist, für die unmittelbaren Staatsforstbeamten künftighin mittelst tabellarischer Übersichten nach dem anliegenden Schema alljährlich nur einmal und zwar zum 1. Juli eingeholt wird.

Die Königliche Regierung wird daher ermächtigt, in Fällen, welche zu Zweifeln keinen Anlaß bieten, die Übernahme des Nebenamtes unter dem Vorbehalt meiner Genehmigung und jederzeitigen Widerrufs einstweilen selbständig zu gestatten.

In zweifelhaften Fällen ist nach wie vor hierher zu berichten.

Der Einreichung einer Fehlanzeige bedarf es nicht.

Ohne weiteres abzuweisen sind in der Regel Gesuche von Forsthilfsaufsehern zur Übernahme der Überwachung von Kulturarbeiten, da dieselben dadurch während der Kulturzeit dem Hauptamte entzogen und gerade dann die Forstschutzkräfte vorzugsweise in Anspruch genommen werden, sowie Anträge von Forstschutzbeamten zur Übernahme des Schutzes der von einer Privatperson im eigenen Schutzbezirke angepachteten Jagd, da der Beamte den Jagdpächter bezüglich der Einhaltung der Pachtbedingungen zu kontrollieren hat und daher nicht in einem Abhängigkeitsverhältnis zu dem Pächter stehen darf, ferner Anträge auf Übernahme von Agenturen für Erwerbsgesellschaften und ähnlichen Nebenbeschäftigungen. Postagenturen dürfen von Oberförstern nicht übernommen werden, da dieses Nebenamt sich mit den Dienstgeschäften eines Oberförsters nicht verträgt. Forstschutzbeamten darf die Genehmigung hierzu erteilt werden, wenn die Postverwaltung sich damit einverstanden erklärt, daß der Forstbeamte sich dauernd durch ein Familienmitglied oder eine andere geeignete Person ohne Einschränkung in diesem Nebenamte vertreten lassen kann.

Ferner ist zu prüfen, ob bei nebenamtlicher Übernahme des Forstschutzes in Gemeinde- bezw. Privatforsten die Staatsforstbeamten in erheblicher Weise in Anspruch genommen werden oder ob die Verstärkung des Forstschutzes in den fiskalischen Forsten etwa zum Teil im Interesse der zu schützenden Gemeindewälder erfolgt. Zutreffenden Falles muß dann die Vergütung für das Nebenamt zur Staatskasse fließen." (Vgl. auch den M. E. vom 23. Dezember 1910. III. 13961, angezogen bei § 16.)

Die Genehmigung zur Annahme des Nebenamts als Amtsvorsteher und Amtsvorsteher-Stellvertreter kann auch den Förstern ohne Vorbehalt des Widerrufs erteilt werden. (M. E. vom 5. Juli 1904. III. 7963 in D. J. B. Band XXXVI Seite 234.)

Nach dem Ermessen der Königlichen Regierungen können zu Waisenräten für Forstgutsbezirke an Stelle der Oberförster auch Förster berufen werden. Vergütungen für Reisen zu den jährlichen Bezirksversammlungen der Waisenräte werden aus fiskalischen Mitteln nicht gewährt. (M. E. vom 16. Juni 1905. III. 6914 in D. J. B. Band XXXVII Seite 213.)

§ 16.

Nebengewerbe, namentlich Holzhandel, sind verboten.

Der Forstbeamte muß sich ganz dem Dienste widmen und darf ohne Genehmigung der Regierung kein Nebengewerbe betreiben oder in irgend einer Art daran teilnehmen. Insbesondere aber ist der Betrieb von Gast- oder Schankwirtschaft und überhaupt jeder Handelsbetrieb den Forstbeamten, sowie deren Ehefrauen, Kindern, Gesinde oder anderen in ihrer Wohnung sich aufhaltenden Personen ohne Erlaubnis der Regierung untersagt.

Unbedingt verboten sind alle diejenigen Gewerbe, welche mit dem Walde oder dessen Produkten in naher Verbindung stehen oder auf die Erfüllung der Dienstpflicht unmittelbar nachteilig einwirken können, wie namentlich der Handel mit Holz und irgend welchen anderen Waldprodukten, oder auch nur eine mittelbare Beteiligung daran, sowie überhaupt jeder nicht zu den Dienstgeschäften gehörende Verkauf von Holz oder anderen Waldprodukten für eigene oder fremde Rechnung, mit Ausnahme der Gegenstände einer gestatteten Jagdnutzung.

Fernhalten der Forstbeamten von der Beteiligung am Holzhandel usw. (M. E. vom 8. Januar 1895. III. 51. D. J. B. Band XXVII Seite 38): „In einem Bezirke haben Forstschutzbeamte, entgegen der Bestimmung in § 16 der Förster-Dienst-Instruktion, den Wiederverkauf des in den Königlichen Forsten von Holzhändlern angekauften Holzes vermittelt. Ein Förster hat sich sogar verleiten lassen, hierbei fiskalisches Holz zu veruntreuen.

Ich halte es für nötig, die Königlichen Regierungen auf dieses Vorkommnis besonders aufmerksam zu machen und zwar um so mehr, da infolge der durch die Verhältnisse bedingten, erweiterten Ausdehnung des Holzverkaufes aus freier Hand die Kontrolle über die ordnungsmäßige Holzverwertung bisweilen erschwert, bezw. die Ausführung von Unterschleifen und Holzentwendungen dadurch erleichtert wird.

Die Königlichen Regierungen wollen es daher streng überwachen lassen, daß die Forstbeamten sich in jeder Hinsicht von der Beteiligung beim Holzhandel, bezw. von der Vermittelung von Holzverkaufsgeschäften für andere fern halten, wollen anordnen, daß öfter spezielle Nachzählungen unverkaufter Holzvorräte stattfinden, wollen solche Revisionen auch durch ihre forsttechnischen Mitglieder gelegentlich vornehmen lassen und gegen Beamte, welche sich in der Beziehung Pflichtverletzungen schuldig machen, unnachsichtlich vorgehen.

Diese Kontrollen sind aber um so mehr zu verschärfen, wenn die Übersicht bezüglich der Holzabgaben noch durch den Umstand erschwert wird, daß der Holzeinschlag bei Gelegenheit von Kalamitäten nicht in abgeschlossenen Schlägen geführt werden kann, sondern sich über größere Revierflächen verbreitet."

Aufnahme von Sommergästen in Forstdienstgehöften und Ausübung von Nebenbetrieben. Falls die Dienstwohnungen über das vorgesehene Maß hinausgehen, insbesondere wo nicht die Aufnahme von Sommergästen nur durch äußerste Einschränkung der Stelleninhaber und ihrer Familie ermöglicht wird, sind die über den wirtschaftlichen Bedarf hinausgehenden, ständig benutzbaren Räume an die Stelleninhaber zu vermieten, sofern sie nicht durch Zuweisung an einen anderen Beamten (Forstaufseher usw.) nutzbar gemacht werden können. Stelleninhaber, die an Sommergäste vermieten oder Gastwirtschaft betreiben, haben alle Aufwendungen zu übernehmen, die durch Mehrbedarf an Brennholz oder erhöhte bauliche Unterhaltung erwachsen (aus dem M. E. vom 24. August 1909. III. 8412. I. Ang. im M. B. f. L. usw. V. Jg. S. 312).

Die Königlichen Regierungen sind ermächtigt zur selbständigen Erteilung der Genehmigung an Forstbeamte oder deren Angehörige, die Konzession zur Verabfolgung von Erfrischungen nachzusuchen auch auf solche Stellen, mit denen bisher eine solche Erlaubnis noch nicht verbunden gewesen ist. Die Genehmigung ist jedoch nur dann zu erteilen, wenn ein öffentliches Bedürfnis vorliegt und andere Gewerbetreibende dadurch nicht geschädigt werden. Rücksichten auf den Stelleninhaber sind außer acht zu lassen (M. E. vom 23. Dezember 1910. III. 13961 Punkt 5 im M. B. f. L. usw. VII. Jg. Seite 24 ff.).

§ 17.

Verbot der Beteiligung bei Lizitationen von Holz usw.

Bei der Versteigerung von Holz oder anderen Waldprodukten oder Forstnutzungen in den königlichen Forsten dürfen die Forstbeamten in keiner Weise als Bieter auftreten, weder im Auftrage anderer Personen, noch für sich selbst. Ebensowenig dürfen sie sich mittelbar durch ihre Angehörigen oder dritte Personen dabei beteiligen, noch ein von anderen Personen angesteigertes Los ganz oder teilweise sich oder ihren Angehörigen abtreten lassen (vgl. § 22).

§ 18.

Verbot der Annahme oder Auszahlung von Kassengeldern.

Den Forstbeamten ist bei Strafe bis zur Dienstentlassung unbedingt untersagt, Gelder, welche für Holz oder andere Waldprodukte oder Nutzungen an die Staatskasse einzuzahlen sind, zur Beförderung an die Kasse selbst in Empfang zu nehmen oder durch ihre Angehörigen in Empfang nehmen zu lassen. Unter keinen Umständen dürfen sie weder selbst noch durch ihre Angehörigen mit der Auszahlung von Löhnen an Waldarbeiter, oder überhaupt von Geldern, welche die Forstkasse zu zahlen hat, in solcher Weise sich befassen, daß das Geld durch ihre Hände geht.

§ 19.
Verbot der Beteiligung bei Holzanfuhren.

Die Übernahme des Transports von Holz und anderen Waldprodukten für andere, oder die Teilnahme daran, insbesondere auch das Verleihen oder Vermieten des eigenen Gespanns zu solchem Behufe, sei es unentgeltlich oder gegen Entgelt, ist den Forstbeamten untersagt, sofern nicht ausnahmsweise zu einer desfallsigen unentgeltlichen Dienstleistung vorherige schriftliche Genehmigung des nächsten Vorgesetzten erteilt worden ist. Jede Teilnahme an einer Entreprise der Holzanfuhr oder des Ausrückens von Holz aus den Schlägen ist den Forstbeamten unbedingt verboten. Auch dürfen sie nicht dulden, daß ihre Leute oder Angehörigen sich dabei beteiligen. Sollte in besonderen Fällen, z. B. bei drohender Wasser- oder Feuersgefahr eine Ausnahme hiervon im Interesse des Dienstes notwendig werden, so hat der Forstbeamte jedoch nach bestem Wissen und Gewissen mit eigener Verantwortlichkeit zu handeln und davon dem nächsten Vorgesetzten unverzüglich Anzeige zu machen.

§ 20.
Verbot der Übernahme von Waldarbeiten und Bauten.

Den Forstbeamten ist verboten, die Ausführung von Kultur-, Wegebau- und sonstigen Arbeiten in den königlichen Forsten, sei es gegen Tagelohn oder in Verding, für ihre Rechnung zu übernehmen. Ebensowenig dürfen sie ihren Angehörigen oder Dienstleuten die Teilnahme an solchen Arbeiten gegen Entgelt gestatten.

Ohne Genehmigung der Regierung darf der Forstbeamte weder die Ausführung von Bauten an Forstgebäuden oder anderen Gebäuden übernehmen, noch sich dabei durch Materialienlieferung oder Anfuhren gegen Entgelt irgendwie beteiligen.

Bei in Entreprise ausgegebenen Bauten an seinem eigenen Dienstetablissement kann dem Forstbeamten jedoch der nächste Vorgesetzte gestatten, daß er wegen Leistung von Baufuhren auch gegen Entgelt mit dem Entrepreneur sich einigt.

§ 21.
Verbot der Beteiligung bei Pachtungen.

Jede Beteiligung bei Pachtung von Grundstücken, Schäfereien, Mast-, Waldweide-, Acker-, Garten-, Wiesen-, Gras-, Streu- und allen sonstigen Nutzungen, namentlich auch bei Benutzung von Forstgrundstücken zur Vorkultur, ist den Forstbeamten sowohl für sich als auch für ihre Ehefrauen und für ihre noch unter väterlicher Gewalt stehenden Kinder, gleichviel ob das Pachtobjekt der königlichen Forstverwaltung oder einer anderen Verwaltung oder Privaten gehört, ohne vorherige Genehmigung der Regierung untersagt. Die Anpachtung von Garten-, Acker- oder Wiesenland bis zu einem Umfange von zusammen höchstens 4 Morgen (1,021 ha), oder die einjährige Anpachtung einer auch noch größeren Wiesenfläche, oder der Ankauf der einjährigen Kreszenz von Acker oder Wiesenland kann jedoch, wenn die Flächen weder zum königlichen Forstreale gehören, noch an dasselbe angrenzen, von dem nächsten Vorgesetzten insoweit gestattet werden, als die Befriedigung des eigenen wirtschaftlichen Bedürfnisses des Forstbeamten es erheischt.

§ 22.
Ankauf von Holz usw. durch Forstbeamte.

Den Forstbeamten können die für den eigenen Wirtschaftsbetrieb erforderlichen Nutz- und Schirrhölzer, sowie Lehm, Sand und Steine aus den königlichen Forsten freihändig gegen Bezahlung des Taxpreises überlassen werden, wozu es der Genehmigung der Regierung nur bedarf, wenn im Laufe eines Jahres an einen Beamten für mehr als 10 Taler (30 M.) an Holz oder für mehr als 5 Taler (15 M.) an Lehm, Sand oder Steinen abgegeben werden soll. (Erweitert! Vgl. Bem. unten.) Der Wiederverkauf von Holz oder anderen Gegenständen, welche den Forstbeamten aus königlichen Forsten überlassen sind, ist unbedingt verboten.

Der Ankauf von Holz, Streu und anderen Waldprodukten (außer Waldbeeren, Waldfrüchten und Pilzen) von dritten Personen ist sowohl aus königlichen als aus nicht königlichen Forsten dem Forstbeamten, auch zum eigenen Bedarfe, nur unter der Bedingung gestattet, daß er hiervon in jedem Falle sofort unter Angabe des angekauften Quantums und dafür bezahlten Preises seinem nächsten Vorgesetzten schriftlich Anzeige macht. Dasselbe gilt bezüglich solcher Waldprodukte, die er in der Eigenschaft als Gemeindemitglied oder auf Grund einer Realberechtigung erhält.

Oberförster und Forstschutzbeamte dürfen für den Bedarf der eigenen Wirtschaft Forstnebennutzungsgegenstände aller Art bis zum Gesamtbetrage von 30 M. für jedes Rechnungsjahr freihändig zur Taxe ankaufen. Darüber hinaus ist die Genehmigung der Königlichen Regierung einzuholen. Wie bisher schon Lehm, Sand und Moorerde, so können künftig auch Holzpflanzen zur Melioration von Dienst- und Pachtländereien mit Genehmigung der Königlichen Regierung unentgeltlich abgegeben werden. Laub-, Nadel-, Torf- und Plaggenstreu darf nicht nur von Wegen und Gestellen, sondern auch von Wege- und Gestellrändern und Abtriebschlägen, sofern die Abgabe wirtschaftlich unschädlich ist, bis zu den bisherigen Höchstmengen verabfolgt werden. Wenn in Notjahren die genannten Mengen dem wirtschaftlichen Bedürfnis nicht genügen, ist die Regierung befugt, Abgaben bis zur doppelten Menge zu genehmigen. Alle Gegenstände der Forstnebennutzung können, sofern wirtschaftliche Bedenken nicht entgegenstehen, von den Forstbeamten selbst, deren Angehörigen und Bediensteten geworben werden (aus M. E. vom 23. Dezember 1910. III. 13961 Punkt 20 im M. B. f. L. usw. VII. Jg. Seite 24 ff.).

§ 23.
Privat-Jagden.

Den Forstbeamten ist es ohne Genehmigung der Regierung nicht gestattet, irgend eine Jagd in Pacht zu nehmen, zu administrieren, oder für deren Inhaber zu beschießen.

Die Teilnahme an der Jagdausübung auf einem an königliches administriertes Jagdterrain angrenzenden Privat- oder Gemeindejagdbezirke kann dem Förster vom Vorgesetzten untersagt werden.

§ 24.
Erwerbung von Grundbesitz.

Ohne vorherige Genehmigung der Regierung darf der Forstbeamte ein Grundstück oder irgend ein Nutzungsrecht an einem Grundstücke, welches in den seiner Aufsicht und Verwaltung anvertrauten Forsten oder Revieren eine Berechtigung hat oder mit denselben grenzt, weder für sich, noch für seine Frau oder Kinder kauf- oder tauschweise oder sonst durch lästigen Vertrag erwerben. Gelangen solche Grundstücke oder Nutzungsrechte in anderer Weise in seinen Besitz oder kommen dergleichen in den Besitz seiner Ehefrau, Kinder oder anderer Verwandten, so ist er verpflichtet, der Regierung davon sofort Anzeige zu machen.

Grundstücke oder Nutzungsrechte an Grundstücken, welche in der vorbezeichneten Beziehung zu königlichem Forstareale nicht stehen, kann der Forstbeamte erwerben, er muß aber von jeder solchen Erwerbung, auch wenn sie durch seine Ehefrau oder Kinder geschieht, der Regierung sofort Anzeige machen, sofern das Grundstück innerhalb eines zweimeiligen Umkreises von der Grenze seines Reviers gelegen ist.

In allen diesen Fällen hat der Forstbeamte sich den Anordnungen der Regierung wegen etwaiger Selbstbewirtschaftung zu fügen oder seine Versetzung zu gewärtigen.

Konzessionen zur Gewinnung von Fossilien in königlichen Forsten oder einen Anteil an solchen Konzessionen darf der Forstbeamte nur mit Genehmigung der Regierung erwerben.

§ 25.
Besoldung und Emolumente.
a) Im allgemeinen.

Außer den dem Forstbeamten neben seiner baren Besoldung durch schriftliche Genehmigung etwa zugestandenen Emolumenten und Forstnutzungen darf derselbe kein anderes Akzidens und keine andere Nutzung, namentlich an Forstländereien, Holz, Mast, Gras, Weide, Streu, Erde, Steinen oder sonstigen Waldnutzungsgegenständen, sei der Wert auch noch so geringfügig, beziehen oder zu seinem Vorteile durch einen anderen verwenden lassen, noch eine ihm als Forstbeamten gestattete derartige Waldnutzung ganz oder teilweise, weder unentgeltlich noch tauschweise oder gegen Entgelt abtreten. Die Überschreitung der vorgeschriebenen Grenzen bei Ausübung gestatteter Nutzungen wird unbefugter Aneignung gleich geachtet.

Eine bloß mündliche Genehmigung eines Vorgesetzten in Beziehung auf die Gestattung von dergleichen Nutzungen kann den Forstbeamten von der Strafe unbefugter Aneignung nicht befreien.

Waldbeeren, Pilze, Schwämme und nicht zu Viehfutter oder Streu bestimmte Kräuter kann der Forstbeamte, soweit ihm solches von der Regierung nicht etwa ausdrücklich untersagt wird, zum eigenen Wirtschaftsbetriebe unentgeltlich sammeln lassen.

§ 26.
b) Freies Feuerungsmaterial.

Die Forstbeamten erhalten in der Regel zur Befriedigung ihres eigenen Bedürfnisses Brennmaterial gegen Erstattung der darauf verwendeten Werbungskosten unentgeltlich. Soweit Holz gewährt wird, darf das bestimmte Maximalquantum an Knüppelholz nicht überschritten und im übrigen nur Reiser- und Stockholz abgegeben werden.

Es gehört zu den Dienstpflichten des Forstbeamten, beim Brennmaterialien-Verbrauche die gehörige Sparsamkeit zu beobachten.

Nach dem Ermessen der vorgesetzten Behörde kann jederzeit an die Stelle der Brennmaterialien-Abgabe ganz oder teilweise eine Geldvergütung treten, deren Feststellung dem Finanzminister **(jetzt der Regierung)** zusteht.

Die Höchstmengen des den Forstbeamten gegen Erstattung der Werbungskosten in Knüppelholz zu gewährenden Freibrennholzes sind durch M. E. vom 28. September 1901. III. 13767 (D. J. B. Band XXXIV Seite 6) für jeden Regierungsbezirk besonders festgesetzt. Sofern hartes Brennholz oder Torf bezogen wird, sind 2 rm hartes Knüppelholz = 3 rm und 1,5 Tausend Soden Torf = 1 rm weiches Knüppelholz zu rechnen.

Den Forsthilfsaufsehern ohne Familie dürfen nur bis zu $^2/_3$ des Höchstsatzes des freien Brennholzes für Forsthilfsaufseher zugebilligt werden. Unter „Familie" sind hier nach der Zirkular-Verfügung des Ministeriums für Landwirtschaft, Domänen und Forsten vom 15. August 1881. III. 8714 (D. J. B. Band XIII Seite 246) nicht nur die Ehefrau, Kinder, Eltern und Geschwister eines Beamten, sondern auch andere nahe Verwandte und Pflegekinder zu verstehen, sofern der Beamte denselben in seinem Hausstand Wohnung und Unterhalt auf Grund einer gesetzlichen oder moralischen Unterstützungsverbindlichkeit gewährt. Jedenfalls muß ein eigener Hausstand von dem Beamten geführt werden.

Nach dem oben angezogenen Erlaß vom 28. September 1901 kann neben dem Derbbrennholz auch Stockholz und Reisig von der II. Klasse einschließlich abwärts gegen Erstattung der vollen Werbungskosten je nach Bedarf abgegeben werden; auch dürfen statt an 1 rm weichem Knüppelholzes je 2 rm Reisig I. Klasse abgegeben werden.

Beim Reisig I. Klasse besteht ein Unterschied zwischen Hart- und Weichholz hier nicht; es zählen daher für je 1 rm weiches Knüppelholz je 2 rm hartes oder weiches Reisigholz I. Klasse (M. E. vom 17. Juni 1905. III. 7043 in D. J. B. Band XXXVII Seite 217).

Birkenknüppelholz rechnet bei Abgabe des freien Brennholzes der Forstbeamten zum **Weichholz.** (M. E. vom 3. April 1901. III. 3376 in D. J. B Band XXXIII Seite 180).

Bei Dienstauseinandersetzungen gelten hinsichtlich des freien Brennholzes die Vorschriften vom 11. März 1901; danach sind für das zur Zeit der Auseinandersetzung dem Abziehenden bereits überwiesene und noch vorhandene Brennholz die dafür aufgewendeten Werbungs-, Anfuhr- und Zerkleinerungskosten zu erstatten. (D. J. B. Band XXXIII Seite 101).

Über die Gewährung von Geldvergütungen für die Forstbeamten an Stelle des freien Brennholzes gelten mit Wirkung vom 1. April 1912 ab folgende Vorschriften:

1. Der Naturalbezug bildet die Regel. Die Umwandlung in eine Geldvergütung darf von der Königlichen Regierung nur genehmigt werden, wenn sie den wirtschaftlichen Verhältnissen des Beamten entspricht, und der Bezug des Brennholzes für ihn entweder mit Unzuträglichkeiten, z. B. nicht genügender Erwärmung der Wohnung, oder mit Schwierigkeiten, z. B. teurer Anfuhr bei Mangel eignen Fuhrwerks, verbunden ist.

2. Wird hiernach die Umwandlung genehmigt, so kann bei den Geldvergütungen bis zu nachstehenden Jahressätzen von einem besonderen Nachweis des tatsächlichen Bedarfs oder der erfolgten Verwendung abgesehen werden:

Für Oberförster mit Revier . . . . 250 M.
Für Oberförster ohne Revier mit Familie . . . . 200 „
Für Oberförster ohne Revier und ohne Familie . . . . 120 „
Für Revierförster und Förster mit Revier sowie für die Meister bei den Nebenbetriebsanstalten 120 „
Für Förster ohne Revier mit Familie . . . . 100 „
Für Förster ohne Revier ohne Familie . . . . 70 „
Für Forsthilfsaufseher, Waldwärter und Wärter bei den Nebenbetriebsanstalten, wenn diese Beamten Familie haben . . . . 80 „
Für Forsthilfsaufseher, Waldwärter und Wärter bei den Nebenbetriebsanstalten, wenn diese Beamten keine Familie haben . . . . . 50 „

Der Begriff „Familie" ist im Sinne des Umzugskostengesetzes aufzufassen. Zur Gewährung eines nur für Beamte mit Familie bestimmten Satzes genügt ein Vermerk in der Kassenanweisung, daß der Beamte verheiratet ist oder daß er Familie im Sinne des Umzugskostengesetzes hat. Eine gleiche Bescheinigung ist auf der Jahresquittung von dem Empfänger abzugeben.

3. Erforderlichenfalls kann den Beamten eine höhere Entschädigung nach dem pflichtmäßigen Ermessen der Königlichen Regierung bis zu folgenden Jahreshöchstsätzen gewährt werden:

Für Oberförster . . . . 300 M.
Für Revierförster, Förster und für Meister bei den Nebenbetriebsanstalten . . . . 150 „
Für Forsthilfsaufseher, Waldwärter und Wärter bei den Nebenbetriebsanstalten, wenn diese Familie haben . . . . 100 „
Für Forsthilfsaufseher, Waldwärter und Wärter bei den Nebenbetriebsanstalten, wenn diese Beamten keine Familie haben . . . . 70 „

Es ist aber alsdann nachzuweisen, daß der Beamte die höhere Vergütung zur Beschaffung der Ersatzbrennstoffe braucht. Bei der Berechnung des Betrages sind die Anfuhr- und Abtragekosten, gegebenenfalls unter Zugrundelegung eines angemessenen Prozentsatzes von den Anschaffungskosten sowie die Werbungskosten, welche die Beamten bei Bezug des Freibrennholzes durchschnittlich zu entrichten hätten, abzuziehen. Dieser den Rechnungsbelegen beizufügende Nachweis ist nicht nach allgemeiner Schätzung, sondern nach festen Grundsätzen oder auf Grund bestimmter Unterlagen zu führen.

Der Ermittlung bedarf es, wenn die Königliche Oberrechnungskammer im Einzelfalle nichts anderes verlangt oder die Verhältnisse sich nicht geändert haben, nur bei der erstmaligen Festsetzung.

4. Die Geldvergütungen sind in gleicher Weise, wie das Gehalt oder die Beschäftigungsgelder zahlbar, und zwar mit $2/19$ für jeden der sieben Wintermonate Oktober bis einschließlich April und $1/19$ für jeden der fünf Sommermonate Mai bis einschließlich September. Die Teilbeträge sind angemessen abzurunden.

5. Neben der Geldvergütung kann die Regierung geringes Reiserholz von der II. Klasse einschließlich abwärts und Stockholz in dem Umfange, wie es zum Backen und zum Anzünden der Kohlen erforderlich ist,

für Oberförster bis zu . . . . 30 rm

für Revierförster, Förster und Meister bei den Nebenbetriebsanstalten bis zu . . . . . 20 rm und

für Waldwärter, Wärter bei den Nebenbetriebsanstalten und Forsthilfsaufseher bis zu . . 10 rm

oder entsprechende Reisigwellen gegen Erstattung der vollen Werbungskosten verabfolgen.

Dagegen ist es nicht zulässig, neben der Geldvergütung Derbbrennholz abzugeben. (M. E. vom 9. März 1912. III. 2439 im M. B. f. L. usw. VIII. Jg. Seite 98.)

Den Hilfsförstern (Förstern ohne Revier) ist die an Stelle des Brennholzes gewährte Geldentschädigung, wie den übrigen etatsmäßigen Forstbeamten, vierteljährlich im voraus zu zahlen; es ist aber den Königlichen Regierungen anheimgestellt, für den einzelnen Fall auch monatliche Zahlung anzuordnen, wo die Verhältnisse dies angezeigt erscheinen lassen. (M. E. vom 19. Januar 1905. III. 212 in D. J. B. Band XXXVII Seite 21.)

§ 27.

Der Forstbeamte hat sich jedes Selbsteinschlages von Holz zu seinem Feuerungsbedarfe durch eigene Leute gänzlich zu enthalten. Er darf aber auch von dem für Rechnung der Forstkasse vorschriftsmäßig aufgearbeiteten Brennmaterial seinen Bedarf nicht eigenmächtig, sondern nur auf Grund des vom Oberförster vorher auszufertigenden Verabfolgezettels oder einer speziellen vorschriftsmäßigen Interims-Anweisung des Oberförsters, nachdem das Material vorher gehörig numeriert, verlohnt, vom Oberförster abgenommen und in dem Nummerbuche des Försters und der Abzählungstabelle des Oberförsters eingetragen worden ist, entnehmen.

Die Verabfolgung von unaufgearbeitetem Material zum Brennbedarf der Forstbeamten ist ausnahmsweise nur zulässig, wenn es dem Interesse der Verwaltung entspricht, dadurch einzelne umherliegende, die Aufklafterung nicht lohnende, geringe Brennhölzer der Entwendung zu entziehen. Solche Fälle können beispielsweise bei abgehauenen Frevelstämmen oder Wipfeln von denselben, bei den Holzdieben abgenommenen geringen Hölzern und bei vereinzelten Windbrüchen vorkommen. Auch derartiges Material darf der Forstbeamte erst zu seinem Brennbedarfe entnehmen und verwenden, nachdem solches vom Oberförster der Quantität nach geschätzt, im Nummerbuche und der Abzählungstabelle gehörig gebucht, auch darüber ein Abfuhrzettel oder eine Interims-Anweisung ausgestellt ist.

§ 28.

Den Forstbeamten ist unbedingt verboten, von dem ihnen verabreichten freien Brennmateriale, gleichviel ob das zu verabfolgende Quantum fixiert ist oder nicht, etwas zu verkaufen, oder an andere schenkungs- oder tauschweise zu überlassen.

Ebensowenig ist es gestattet, das frei verabreichte Brennmaterial zu anderen Zwecken, als zur Feuerung für den eigenen Wirtschaftsbedarf zu verwenden. Es darf daher auch für den eigenen Bedarf daraus kein Nutzholz entnommen werden. Nur eine zeitweise Verwendung des innerhalb des zulässigen Maximums zum Brennbedarfe abgegebenen Materials zu vorübergehender Bewehrung von Dienstländereien, oder zu Erbsen- und Bohnenreisig auf dem Dienstlande, oder zu kleinen, weniger als einen Hektoliter enthaltenden Schirrhölzern für die eigene Wirtschaft, ist mit Genehmigung des nächsten Vorgesetzten statthaft.

Für Zuwiderhandlungen seiner Angehörigen oder Dienstleute gegen die vorstehenden Bestimmungen ist der Forstbeamte ebenso verhaftet, als wenn sie von ihm selbst begangen wären.

§ 29.

c) **Dienstgebäude.**

Über die Benutzung und Unterhaltung der Forstdienstgebäude enthält das Regulativ — (jetzt „Vorschriften über die Benutzung und bauliche Unterhaltung der Diensgehöfte der Staatsforstverwaltung vom 31. Januar 1893 — D. J. B. Band XXV Seite 78 ff. —), welches sich bei jeder Forstbeamtenstelle befindet, die näheren Bestimmungen. Die genaue Befolgung dieser Vorschriften und die größte Vorsicht zur Verhütung von Feuerschäden wird zur besonderen Dienstpflicht gemacht.

Die zur Aufbewahrung von Sämereien, Inventarien, Kulturgeräten und Pfandstücken erforderlichen Räume in den Dienstgebäuden hat der Forstbeamte, wenn es verlangt wird, unentgeltlich zu überlassen. Ingleichen ist er auf Verlangen verpflichtet, bei Dienstreisen der Vorgesetzten denselben ein Zimmer zur Benutzung zu stellen und, wenn eine Stellvertretung für ihn angeordnet wird, dem Stellvertreter den nötigen Wohnraum zu gewähren.

Der Inhaber eines Forstdienstgebäudes ist verpflichtet, dasselbe jederzeit gegen Gewährung einer vom Finanzminister **(jetzt Minister für Landwirtschaft, Domänen und Forsten)** zu bestimmenden Vergütung ganz oder teilweise zu räumen. Den Forstbeamten wird empfohlen, ihr Mobiliar sowie ihr gesamtes lebendes und totes Wirtschafts=Inventarium nebst Wirtschafts=Vorräten gegen Feuersgefahr zu versichern, da sie im Falle eines Brandunglücks auf Unterstützung aus der Staatskasse nicht rechnen dürfen.

Um den Forstbeamten eine bequeme, billige und zuverlässige Gelegenheit zur Versicherung des Mobiliar= Vermögens gegen Brandschaden zu bieten, ist der „**Brandversicherungs=Verein Preußischer Forst= beamten**" ins Leben gerufen, mit welchem auch eine Unfall=, sowie eine Hagel= und Viehversicherung verbunden ist. Satzungen des Vereins befinden sich u. a. in Händen der Herren Revierverwalter.

Die „Vorschriften über Benutzung und bauliche Unterhaltung der Dienstgehöfte der Staatsforstverwaltung vom 31. Januar 1893" erhalten auf Seite 8 im § 7 hinter Absatz r folgenden Zusatz:

„r) Soweit das Trink= und Wirtschaftswasser aus gemeinschaftlichen Leitungen entnommen wird, hat der Nutznießer das dafür zu entrichtende Entgelt zu zahlen. Die für den Bezug von Gas und elektrischer Kraft zu gewährende Entschädigung muß in allen Fällen von ihm geleistet werden. Dasselbe gilt von der Miete für Wasser=, Gas= und Elektrizitätsmesser. Endlich ist dem Nutznießer die Beschaffung und Unterhaltung der im Anschluß an die Leitungen zu benutzenden beweglichen Gegenstände, als Schläuche, Gartenspritzen und dergleichen, sowie der Beleuchtungskörper und Brenner aller Art ob" (M. E. vom 16. Juli 1900. III. 9009 in D. J. B. XXXII Seite 293).

Der Anstrich von Treppen in Forstdienstgebäuden ist nicht unter den Buchstaben f, sondern unter e des § 7 der „Vorschriften pp. vom 31. Januar 1893" zu rechnen, so daß also der Neuanstrich der ganzen Treppe auf Staatskosten auszuführen, die Ausbesserung des Anstrichs aber und der teilweise Anstrich — etwa der Tritt= und Setzstufen — dem Nutznießer zur Last zu legen ist (M. E. v. 27. Juni 1908. III. 6520 im M. B. f. L. usw. IV. Jahrg. S. 324).

Die Tapezierung von Stuben in Dienstwohnungen der Forstschutzbeamten auf Staats= kosten ist durch den M. E. vom 16. Juni 1904. III. 3747 (D. J. B. Bd. XXXVI. S. 232) gestattet. Dabei sind jedoch folgende Höchstsätze inne zu halten:

Tapeten die Rolle bis . 40 Pfg.
Borten das Meter bis . 15 „
Deckenanstrich das qm bis 95 „

Nicht einbegriffen sind hierbei die Kosten für Bandstreifen, Unterlagspapier und dergleichen, welche in den Preis für das Aufkleben einzubeziehen sind. Werden gleichzeitig mehrere Stuben tapeziert, so ist es gestattet, den Preis der Tapete und Borte für den einen oder anderen Raum zu erhöhen, wenn in anderen Räumen der Preis ermäßigt wird. Die Gesamtkosten der Tapezierung dürfen aber nicht höher werden, als wenn durchweg der gestattete Höchstpreis für Tapeten und Borten zur Berechnung käme, was in jedem Falle nachzuweisen ist.

Hinsichtlich der Küchen, Flure, Kammern usw. bleibt es bei den bisherigen Bestimmungen.

Feuchte Wände dürfen nie tapeziert werden, weder in Neubauten, noch in alten Häusern.

Auf Staatskosten ausgeführte Neutapezierungen dürfen auf Staatskosten frühestens nach 8 Jahren erneuert werden. Um in der Zwischenzeit Ausbesserungen, deren Ausführungskosten den Nutznießern zur Last fallen, bewirken zu können, kann bei jeder Neutapezierung von jeder Tapetensorte eine Rolle über den Bedarf auf Staatskosten beschafft werden.

Unterscheidung der Begriffe „Stuben" und „Kammern". Zur Behebung der durch den verschiedenen Sprachgebrauch entstandenen Zweifel, welche Räume im Sinne der Allgemeinen Verfg. vom 16. Juni 1904. III. 3747 (f. vorstehend) unter Stuben und welche unter Kammern zu rechnen sind, wird bestimmt: Als Stuben gelten alle heizbaren Wohn= und Schlafzimmer, als Kammern: sonstige zu Wohnzwecken dienende Räume. Eine Tapezierung von Gesinderäumen, auch wenn sie heizbar sind, ist aber nicht beabsichtigt (M. E. vom 20. Mai 1910. III. 5420 im M. B. f. L. usw. VI. Jg. Seite 168).

Für die Behandlung und Reinigung der Fußböden in Staatsgebäuden ist eine besondere Anweisung ergangen. Abdrucke hiervon befinden sich in den Händen der Wohnungsinhaber (M. E. vom 1. Juni 1911. III. 5667 im M. B. f. L. usw. VII. Jg. Seite 163).

Die Anlage fester Badeeinrichtungen in den Wohnungen der Oberförster und Förster auf Staats= kosten ist zulässig. Die Kosten der Unterhaltung der Badeeinrichtungen müssen von den Nutznießern bestritten werden. Die Beschaffung beweglicher Badegefäße ist nach wie vor Sache der Wohnungsinhaber (M. E. vom 5. Januar 1906. III. 15629 im M. B. f. L. usw. II. Jg. S. 45).

Milchkeller auf Forstdienstgehöften können bei vorhandenem Bedürfnis mit Öfen auf Staatskosten ausgestattet werden. Die Öfen sind in der einfachsten Weise herzustellen, in der Regel aus Ziegelsteinen aufzu= mauern (M. E. vom 23. November 1904. III. 14618 in D. J. B. Bd. XXXVII. Seite 2).

Elektrische Licht= und Kraftanlagen auf Forstdienstgehöften können in geeigneten Fällen auf Staatskosten zur Ausführung gebracht werden. Für die Genehmigung hierzu ist der Grundsatz maßgebend, daß die Forstbeamten nicht schlechter aber auch nicht besser gestellt sein sollen, als andere ihnen gesellschaftlich gleichstehende Einwohner des Wohnortes oder der Umgegend. Hat z. B. eine Gemeinde oder haben die Gutsbesitzer in der Umgebung eines Forstdienstgehöftes allgemein oder doch vorwiegend elektrische Beleuchtung angelegt, dann kann auch dem Nutznießer des Forstdienstgehöftes die Möglichkeit gegeben werden, sich die gleiche Anlage zu Nutzen zu machen. Die Beschaffung der Beleuchtungskörper, Maschinen usw. ist jedoch dem Nutznießer zu überlassen (M. E. vom 29. September 1910. III. 10196 im M. B. f. L. usw. VI. Jg. Seite 278).

Ziergärten bei Forstdienstgehöften zur Verschönerung der Umgebung neubegründeter bezw. neu=
erbauter Forstdienstgehöfte können für fiskalische Rechnung angelegt werden, und zwar werden für Förstergehöfte
zur erstmaligen Einrichtung solcher Gärten bis zu 100 M. für 1 Gehöft gewährt. Die Kosten für eine weiter=
gehende Ausgestaltung, sowie für die Unterhaltung der Ziergärten haben die Nutznießer zu tragen (M. E. vom
7. März 1906. III. 1836 im M. B. f. L. usw. II. Jg. Seite 144).

Das Anpflanzen von Obstbäumen und fruchtbringenden Sträuchern in Dienstgärten
bei deren erstmaliger Anlage darf auf Staatskosten nur erfolgen, wenn a) im Kostenanschlage allgemein Mittel
für Anlage von Gärten vorgesehen sind und die dazu bestimmten Beträge nicht überschritten werden, b) die An=
pflanzungen dieser Art nur in dem Umfange erfolgen, daß ihre Erträgnisse den Haushaltungsbedarf des Woh=
nungsnutznießers nicht übersteigen und c) die Anpflanzung sich nur auf die gewöhnlichen Obstsorten unter Aus=
schluß teurer Edelsorten erstreckt (M. E. vom 18. Januar 1909. III. 16635 II. Ang. im M. B. f. L. usw.
V. Jg. Seite 114).

Abgabe von Material zu Brückenbauten auf Dienstländereien. „In Erweiterung der Be=
stimmung zu § 7 der Vorschriften usw. vom 13. Januar 1893 bestimme ich, daß den Nutznießern zur Herstellung
bezw. Erneuerung von Brücken und Durchlässen auf Dienstländereien statt des Holzes Zementröhren unentgeltlich
geliefert werden können" usw. (M. E. vom 19. Februar 1907. III. 1231 im M. B. f. L. usw. III. Jg. Seite 102).

Die Errichtung von Superinventarien auf Forstdienstgehöften ist einzuschränken. Die
Dienstgehöfte und =Gebäude sind auf Staatskosten so zu gestalten, wie es den Bedürfnissen der Stellen und den
berechtigten Ansprüchen der Stelleninhaber entspricht, so daß die Errichtung weiterer baulicher Anlagen sich
erübrigt. Nicht notwendige Anlagen sollen auch von den Nutznießern auf eigene Kosten nicht zur Ausführung
gebracht werden. Lassen indessen besondere Verhältnisse eines Nutznießers eine Ausnahme erwünscht erscheinen,
so kann die Regierung die dazu erforderliche Genehmigung erteilen. Der Nutznießer ist aber verpflichtet, beim
Wohnungswechsel den ursprünglichen Zustand wieder herzustellen, wenn es von der vorgesetzten Behörde verlangt
wird, oder die Superinventarien unentgeltlich zurückzulassen. Bezüglich der vorhandenen Superinventarien
bewendet es bei den bisherigen Bestimmungen. Jedem Nutznießer eines forstfiskalischen Gehöftes oder Gebäudes
ist ein Abdruck dieses Erlasses auszuhändigen (M. E. vom 9. April 1910. III. 2820 im M. B. f. L. usw.
VI. Jg. Seite 154).

Wegen Aufnahme von Sommergästen in Forstdienstgehöften vergl. den diesbetr. Vermerk zu § 16.

Fahnen für Dienstwohnungen auf Staatskosten dürfen in der Regel nicht, in Ausnahmefällen
nur mit eventl. Genehmigung der Zentralinstanz beschafft werden (aus dem M. E. vom 29. März 1910. III.
3447 im M. B. f. L. usw. VI. Jg. Seite 109).

Sicherung forstfiskalischer Gebäude gegen Waldbrände. „Die Königliche Regierung wolle
dafür Sorge tragen, daß Kiefernbestände in gefährlichem Alter von Gebäuden mit fester Bedachung mindestens
80 m, von solchen mit weicher Bedachung 120 m entfernt bleiben. Die durch den Abtrieb entstehenden Streifen
sind entweder landwirtschaftlich zu nutzen oder mit feuersicheren Holzarten (eventl. parkartig) zu bepflanzen"
(M. E. vom 6. November 1911. III. :11510 im M. B. f. L. usw. VII. Jg. Seite 305).

§ 30
(in der durch den Rb.=Erl. vom 19. März 1901 III 3960 — D. J. B. Band XXXIV Seite 51 —
abgeänderten Fassung).

d) Dienstländereinutzung.

**Auf Dienstländereien hat kein Forstbeamter Anspruch. Wo sie bewilligt werden, geschieht
dies lediglich in Rücksicht auf den Dienst.**

**Dienstgrundstücke werden daher mit der Maßgabe überwiesen, daß dem Beamten daran
kein Pachtrecht, sondern nur ein jederzeit widerrufliches Nutzungsrecht zum eigenen Bedarfe ein=
geräumt wird, und daß dieses Nutzungsrecht keinen Bestandteil des Diensteinkommens bildet, auf
dessen Gewährung irgend Anspruch gemacht werden kann.**

**Eine anderweite Verfügung über die Dienstländereien, sei es deren gänzliche Entziehung
oder anderweite Regulierung, sei es eine Änderung des dafür zu entrichtenden Nutzungsgeldes,
sowie die Versetzung des Beamten auf eine andere Stelle, mit welcher entweder gar keine, oder
doch nur Dienstländereien von geringerem Umfange und Ertrage verbunden sind, bleibt der Ver=
waltung zu jeder Zeit vorbehalten, ohne daß dem betreffenden Beamten deshalb irgend eine Ent=
schädigung zusteht.**

**Mit Rücksicht auf den Zweck der Bewilligung von Dienstländereien sollen die Forstbeamten
sie in der Regel selbst bewirtschaften. Eine Verpachtung des Dienstlandes ist deshalb nur aus=
nahmsweise mit Genehmigung der Regierung zulässig.**

Zu den §§ 30—35

Die Königlichen Regierungen sind ermächtigt, den Forstbeamten in geeigneten Fällen die Verpachtung
von Dienstländereien auch an mehrere Personen zu gestatten, wenn die ordnungsmäßige Bewirtschaftung
der Ländereien gesichert erscheint und eine Aussaugung derselben nicht zu befürchten ist. In der Regel ist aber
daran festzuhalten, daß die Verpachtung im ganzen an einen Pächter erfolgt (M. E. vom 14. Juli 1902. III.
8555 in D. J. B. Band XXXIV Seite 188).

Erhebung des Pachtgeldes für die den Forstbeamten überwiesenen Pachtländereien. In Zukunft, und zwar mit Ablauf der zurzeit bestehenden Verträge, sind die den Forstbeamten überwiesenen Pachtländereien bezüglich des Zeitpunktes des Beginns der Pachtgelderhebung und der Auseinandersetzung über die Nutzungen beim Stellenwechsel ebenso wie die Dienstländereien zu behandeln. In solchen Verträgen ist die jederzeitige Aufhebung des Pachtverhältnisses vorzubehalten (M. E. vom 8. März 1909. III. 2231 im M. B. f. L. usw. V. Jahrg. Seite 159).

Hinsichtlich der Herstellung von Wildgattern um Forstdienstländereien sind die Königlichen Regierungen ermächtigt:
1. Diejenigen Dienstländereien, welche innerhalb vollständig umfriedigter Oberförstereien oder Revierteile belegen sind, auf Staatskosten einzugattern und
2. den Nutznießern der innerhalb nicht vollständig oder gar nicht umfriedigter Oberförstereien oder Revierteile belegenen Dienstländereien auf Antrag das zur Herstellung der Gatter erforderliche Holz unentgeltlich unter der Bedingung verabfolgen zu lassen, daß die Stelleninhaber die Kosten für die Aufstellung der Gatter aus eigenen Mitteln bestreiten.

Die Unterhaltung der Wildzäune zu 1 fällt den Nutznießern nach denselben Grundsätzen zur Last, welche bezüglich der Umwährungen der Gärten und Hofräume bestehen, während die Unterhaltung der Gatter zu 2 dem eigenen Ermessen der beteiligten Stelleninhaber überlassen bleiben muß. Auch in letzterem Falle ist auf Antrag das zur Unterhaltung erforderliche Holz unentgeltlich zu verabfolgen (M. E. vom 5. März 1903. III. 2660 in D. J. B. Band XXXV Seite 170).

Auf Forstdienstländereien werden Drain-Anlagen, soweit deren Zweckmäßigkeit und Rentabilität unzweifelhaft nachgewiesen ist, für Rechnung der Staatskasse ausgeführt. Dagegen soll das Nutzungsgeld für solche drainierte Dienstgrundstücke um drei und ein halbes Prozent desjenigen Kostenbetrages, und zwar vom nächsten Monat nach Beendigung der Drainage ab, auf volle Mark oben abgerundet, erhöht werden, welchen die Drainierung erfordert hat. Eintretendenfalls ist die Festsetzung und Einziehung der 3½ prozentigen Zinsen des Meliorationskapitals neben und mit dem bisherigen Dienstlandnutzungsgelde von der Königlichen Regierung zu veranlassen (M. E. vom 18. Juni 1887. III. 6984 in D. J. B. Band XIX Seite 202).

Unter Hinweis auf die vorstehenden Bestimmungen ist durch M. E. vom 23. April 1910. III. 3290 M. f. L. I. 6918 F. M. (im M. B. f. L. usw. VI. Jg. Seite 155) darauf hingewiesen worden, daß zur Verbesserung von Dienstländereien Unterstützungen an die Forstbeamten nicht gewährt werden, weil der Unterstützungsfonds diesem Zwecke nicht dienen soll. Dienstlandverbesserungen sind möglichst auf Staatskosten auszuführen.

Holzpflanzen können, wie bisher schon Lehm, Sand und Moorerde zur Melioration von Dienst- und Pachtländereien mit Genehmigung der Königlichen Regierungen unentgeltlich abgegeben werden (M. E. vom 23. Dezember 1910. III. 13961 zu Punkt 20 im M. B. f. L. usw. VII. Jg. Seite 24 ff., vgl. auch Vermerk zu § 22).

Zur Ausstattung neu gegründeter oder bereits vorhandener Forstschutzbeamtenstellen mit Dienst- oder Pachtländereien, sowie zur Veränderungen in deren Bestand unter Beobachtung der bestehenden Bestimmungen, sofern dadurch die Errichtung neuer oder der Umbau vorhandener Wirtschaftsgebäude nicht erforderlich wird, sind die Königlichen Regierungen selbständig befugt. Es ist mit Strenge darauf zu achten, daß den Forstbeamten nur solche Grundstücke als Dienst- oder Pachtländereien überwiesen werden, die nach ihrer Lage zum Wohnsitz des Forstbeamten von ihm selbst mit Vorteil bewirtschaftet werden können. Ackergrundstücke, die mehr als 3 km vom Wohnsitz des Forstbeamten entfernt liegen, sind künftig von der Überweisung als Dienst- oder Pachtland auszuschließen (M. E. vom 11. Februar 1911. III. 1010 im M. B. f. L. usw. VII. Jg. Seite 93).

Zur wirtschaftlichen Einrichtung bei Übernahme einer Stelle können den Forstbeamten zinsfreie Vorschüsse gewährt werden, die für Förster den Betrag von 900 M. nicht übersteigen dürfen. Die Rückzahlung des Vorschusses hat durch Gehaltsabzüge in der Regel im nächstfolgenden Rechnungsjahr zu beginnen, und darf auf längstens fünf Jahre verteilt werden. Bei Bemessung des Verteilungszeitraumes ist u. a. auch auf die Einkommensverhältnisse des Beamten zu rücksichtigen. In jedem Antrag auf Gewährung solcher Vorschüsse sind die Vermögensverhältnisse des zu berücksichtigenden Beamten klar zu stellen (M. E. vom 14. Dezember 1901. III. 17717 in D. J. B. Band XXXIV Seite 13).

An Forstbeamte, die zinstragende Kapitalien besitzen, dürfen derartige Vorschüsse nicht gewährt werden; in jedem Antrage auf Zuwendung zinsfreier Vorschüsse ist ausdrücklich zu bescheinigen, daß der Beamte kein Vermögen besitzt, aus dem er die Kosten der wirtschaftlichen Einrichtung bei der Übernahme oder der anderweiten Ausstattung seiner Stelle selbst bestreiten kann (M. E. vom 9. November 1905. III. 14335 im M. B. f. L. usw. I. Jg. Seite 314).

§ 31
(in der durch die Rd.-Erl. v. 19. März 1901 III 3960 — D. J. B. Band XXXIV Seite 51 — und 1. August 1901 III 11688 — D. J. B. Band XXXIII Seite 220) — abgeänderten Fassung).

Für die wirtschaftliche Auseinandersetzung über die Dienstländerei-Nutzungen zwischen dem abziehenden Beamten oder seinen Erben und dem neu anziehenden Beamten oder dem Fiskus sind die Vorschriften vom 11. März 1901 — D. J. B. Band XXXIII Seite 97 ff. u. M. E. vom 11. März 1901. III. 3416 ebendort Seite 93 ff. — und deren spätere Abänderungen und Ergänzungen maßgebend. Eine gütliche Einigung ohne Vermittlung des Leiters der Dienstübergabe steht zwar den Beteiligten frei, sie hat aber auf die künftige Auseinandersetzung zwischen dem anziehenden Beamten oder seinem Erben und seinem dereinstigen Dienstnachfolger keinen Einfluß.

Wenn mit Genehmigung der Regierung Dienstgrundstücke verpachtet sind, so ist beim Eintritt eines Beamtenwechsels während der Vertragszeit der Dienstnachfolger verbunden, in den bestehenden Vertrag einzutreten, aber berechtigt, das Pachtverhältnis vom nächsten Pachtjahre ab aufzulösen. Ein Kündigungsrecht für diesen Fall ist in jedem Vertrage über Verpachtung von Dienstländereien ausdrücklich vorzubehalten.

§ 32.

Alle Dienstgrundstücke müssen in Übereinstimmung mit den Karten und Nutzungs-Anschlägen, nach welchen solche den Forstbeamten bei der Übernahme durch den Vorgesetzten speziell mit Begehung der Grenzen zu überweisen sind, durch Hügel, Steine oder Pfähle usw. dauerhaft abgegrenzt werden, insoweit sie nicht durch Gräben, Wege, Wälle oder Knicks usw. unzweifelhaft dauernd begrenzt sind. Die Forstbeamten sind verpflichtet, diese Begrenzungen, soweit sie nicht zugleich die fiskalische Eigentumsgrenze bezeichnen, aus eigenen Mitteln durch Hügel, unbehauene Steine oder Pfähle, zu denen das Holz unentgeltlich verabfolgt wird, oder durch Gräben, Erdwälle und Knicks, zu denen die Pflanzen unentgeltlich abgegeben werden, so herzustellen und zu unterhalten, wie die Regierung es anordnet. Im Falle Grenzmale verloren gegangen oder die Grenzen sonst verdunkelt sein sollten, ist davon dem Vorgesetzten sofort Anzeige zu machen. Verdunkelungen oder Unkenntnis der Grenzen oder die Ausrede, daß die Dienstländereien und deren Grenzen nicht speziell überwiesen seien, können niemals als Entschuldigung für Überschreitung der Dienstländereigrenzen gelten und die Einziehung der von der Regierung festzustellenden Nachzahlung des Nutzungsgeldes für das Übermaßland sowie die außerdem zu verhängende Disziplinarstrafe abwenden.

§ 33
(in der durch den Rd.-Erlaß v. 19. März 1901 III 3690 — D. J. B. Band XXXIV Seite 51 — abgeänderten Fassung).

Der Forstbeamte darf die ihm überwiesenen Ländereien nur wirtschaftlich und unbeschadet ihrer Bestandteile benutzen. Die darauf vorhandenen Obst- oder wilden Bäume sind Eigentum der Forstverwaltung, auch wenn sie vom Stelleninhaber gepflanzt sind. Er darf sie deshalb nur mit Genehmigung seines nächsten Vorgesetzten fortschaffen und ist verpflichtet, soweit der Vorgesetzte es verlangt, die weggenommenen Obstbäume durch neue zu ersetzen.

An dem gewonnenen Holze steht ihm kein Eigentumsrecht zu, es ist vielmehr, wie alles Holz aus dem Einschlage der Staatswaldungen, für den Fiskus zu verrechnen und zu verwerten.

Auch die bei Rodung oder Verbesserung von Dienstland gewonnenen Hölzer, Stöcke, Wurzeln, Steine usw. darf der Forstbeamte für eigene Rechnung nicht verkaufen oder sonst verwerten. Das dabei gewonnene Holz ist, wie im Absatz 2 vorstehend angegeben, zu verwenden. Eignet es sich zur Aufarbeitung nicht, so kann mit Zustimmung des Regierungs- und Forstrats sinngemäß nach § 27 Abs. 2 verfahren werden.

§ 34
(in der durch den Rd.-Erl. v. 19. März 1901 III 3690 — D. J. B. Band XXXIV Seite 51 — abgeänderten Fassung).

Der Forstbeamte ist verpflichtet, die ihm überwiesenen Ländereien ordnungsmäßig zu bestellen; insbesondere sind bei eintretendem Dienstwechsel er oder seine Erben verbunden, sie der Jahreszeit entsprechend gehörig bestellt zu übergeben, widrigenfalls Entschädigung zu leisten ist. Über die Kosten der Bewirtschaftung und über die Erträge des Dienstlandes hat der Forstbeamte ordnungsmäßig Buch zu führen.

Verkauf oder Vertauschung von auf dem Dienstlande gewonnenem Stroh oder Dünger ist nur ausnahmsweise mit schriftlicher Genehmigung der Regierung, die in jedem einzelnen Falle besonders nachzusuchen ist, zulässig. Diese Genehmigung darf nur für die am Ende eines Wirtschaftsjahres unverwendet gebliebenen Vorräte und unter der Bedingung erteilt werden, daß für den ganzen Erlös künstlicher Dünger angeschafft wird, dessen Verwendung auf dem Dienstlande nachzuweisen ist.

Verkauf oder Vertauschung von Gras oder Heu ist nur insoweit nach Genehmigung durch den nächsten Vorgesetzten gestattet, als der Ertrag der Dienstländereien an Futtermitteln einen Überschuß über das eigene wirtschaftliche Bedürfnis der Stelle gewährt.

§ 35.

Wer sich zu wirtschaftlichen Verrichtungen der Dienstleistungen anderer als der zu seinem

Hausstande gehörenden Personen bedient, hat solche, mögen die Dienstleistenden als Eingeforstete, Servitutberechtigte, Holzschläger oder Kulturarbeiter zu dem Beamten in Beziehung stehen oder nicht, nach den vollen ortsüblichen Lohnsätzen zu entschädigen. Die unentgeltliche Benutzung oder geringere als volle ortsübliche Löhnung solcher Arbeiter bei Verwendung zu Privatzwecken, insbesondere auch zu Arbeiten auf den Dienstländereien, zum Heranschaffen oder Kleinmachen von Brennmaterial, zum Vieh=
hüten, zum Treiben oder zu sonstigen Dienstleistungen bei der Jagd usw. (außer bei polizeilich an=
geordneten Jagden auf Schwarzwild und Wölfe) wird auf das strengste untersagt.

An den Tagen, für welche bestimmte Arbeiter schon zu Tagelohnarbeiten für die Forstver=
waltung angenommen sind, dürfen diese nämlichen Arbeiter von dem Forstbeamten zu Arbeiten in seinem eigenen Interesse überhaupt nicht, auch nicht in den Freistunden, verwendet werden.

§ 36.
e) Waldweide.

Ist dem Forstbeamten die Benutzung der Waldweide für sein Vieh gegen Entrichtung eines Weidegeldes gestattet, so darf er dieselbe nur mit ihm eigentümlich gehörendem Viehe und nur mit der für das betreffende Jahr schriftlich genehmigten Zahl der gestatteten Viehgattungen innerhalb der ihm zur Weide eingeräumten Forstdistrikte, und zwar unter genauer Beobachtung aller forstpolizeilichen Vor=
schriften ausüben.

Kann er sein Vieh nicht mit anderem berechtigten oder eingemieteten Vieh zu einer gemein=
schaftlichen Herde vereinigen, so muß er dasselbe durch einen eigenen tüchtigen Hirten hüten lassen, für dessen Kontraventionen er der Forstverwaltung persönlich verantwortlich ist.

Wiederholung von Kontraventionen zieht neben den übrigen Folgen und neben der Disziplinar=
strafe den Verlust der Waldweidenutzung nach sich.

II. Besondere Verpflichtungen rücksichtlich der Geschäftsführung.

§ 37
(in der durch den Rd.=Erl. v. 12. Januar 1900 III 400 — D. J. B. Band XXXII Seite 127 — abgeänderten Fassung).

1. Geschäftskreis im allgemeinen.

Der Förster hat den ihm anvertrauten Schutzbezirk vor unrechtmäßiger Benutzung und gegen Entwendungen und Beschädigungen zu beschützen, in demselben die Befolgung der Forst= und Jagd=
polizeigesetze zu überwachen, die Hauungen, Kulturen und sonstigen Waldgeschäfte nach Anweisung des Oberförsters auszuführen und ausschließlich alle abzugebenden Waldprodukte, jedoch nur auf schriftliche Anweisung, an die Empfänger zu verabfolgen. **Den Forst= und Jagdschutz hat er auch in anderen königlichen, nicht zu seinem Schutzbezirke gehörenden Waldungen nach Maßgabe der Bestimmungen im § 40, dritter Absatz, auszuüben.** Von den zu seiner Wahrnehmung oder Kenntnis gelangenden Zuwiderhandlungen gegen die Forst= und Jagdpolizeigesetze in nicht königlichen Forst= und Jagd=
bezirken hat er seinem vorgesetzten Oberförster Anzeige zu machen.

§ 38.
2. Dienstverhältnis zum Revierverwalter.

Der unmittelbare Vorgesetzte des Försters ist der Oberförster. Von diesem erhält er zunächst Anweisungen und Befehle, an ihn muß er sich in allen Dienstangelegenheiten zuerst wenden, auch alle Gesuche an höhere Vorgesetzte oder Behörden an ihn zur Weiterbeförderung abgeben. Nur wenn der Oberförster seine Anzeigen oder Eingaben unberücksichtigt lassen, oder wenn der Förster über ihn selbst Beschwerde zu führen haben sollte, ist es ihm gestattet, sich direkt an den höheren Vorgesetzten oder die höhere Behörde zu wenden. Er ist hierzu verpflichtet, wenn das Interesse des Dienstes zur Ab=
wendung von Nachteilen für die Verwaltung es erheischt oder er dazu von einem höheren Vorgesetzten aufgefordert wird.

Wo zur Vertretung des Oberförsters für einzelne Funktionen ein Oberförsterkandidat (jetzt **Forstassessor**) oder Forstkandidat (jetzt **Forstreferendar**) als Assistent fungiert oder ein Revierförster oder

Hegemeister bestellt ist, haben die untergebenen Forstbeamten den Anordnungen dieser ebenfalls zu ihren Vorgesetzten gehörenden Beamten gleiche Folge zu leisten, als wenn sie vom Oberförster selbst erteilt wären.

§ 39.
3. Bekanntmachung mit seinem Schutzbezirke.

Mit dem ihm überwiesenen Schutzbezirke hat der Beamte sich genau bekannt zu machen. Er muß sich bemühen, die zu demselben gehörenden einzelnen Teile und Parzellen nach Namen, Lage und Begrenzung, sowie nach den auf den Holzdiebstahl und andere Forstfrevel mehr oder minder einwirkenden örtlichen Verhältnissen möglichst bald und vollständig kennen zu lernen. Insbesondere muß er auch über die obwaltenden Berechtigungen und Servituten, sowie alle sonstigen auf den Forstschutz und die Wald=arbeiten sich beziehenden Lokal= und Personal=Verhältnisse sich gründlich informieren.

§ 40.
4. Forstschutz.
a) Ausübung des Forst= und Jagdschutzes im allgemeinen.

Die wirksame Ausübung des Forst= und Jagdschutzes ist eine der wichtigsten Pflichten des Försters. Er darf die äußersten Anstrengungen nicht scheuen und muß die größte Aufmerksamkeit und eigenes Nachdenken aufbieten, um Entwendungen und Kontraventionen von den Forsten abzuwenden oder, wenn sie vorgekommen, die Täter zu ermitteln und zur Bestrafung zu bringen.

Treten Verhältnisse ein, wo der Förster ungeachtet der Aufbietung aller seiner Kräfte den gehörigen Erfolg nicht zu erzielen vermag, so hat er hiervon dem Oberförster unverzüglich Anzeige zu machen, da er für Herstellung und Erhaltung eines befriedigenden Schutzzustandes unbedingt verant=wortlich ist. Mit den über den Forst= und Jagdschutz bestehenden und ergehenden Gesetzen und Ver=ordnungen hat der Förster sich auf das genaueste bekannt zu machen.*) Bei Ausübung des Forstschutzes muß er der Vorschriften der gedachten Gesetze und Anordnungen sowie der ihm etwa erteilten besonderen Anweisungen seiner Vorgesetzten und des geleisteten Eides stets eingedenk sein und sich genau nach den=selben richten. Dabei muß er sich stets ruhig, besonnen und frei von jeder Leidenschaftlichkeit benehmen und darf sich weder durch Bitten, Versprechungen oder Geschenke, noch durch Drohungen abhalten lassen, unparteiisch jede in seinem Schutzbezirke vorkommende unrechtmäßige Benutzung oder Entwendung oder in den Strafgesetzen, Polizei=Verordnungen und durch sonstige Bestimmungen untersagte Handlung streng der Wahrheit gemäß zur Anzeige zu bringen.

Die Verpflichtung zur Ausübung des Forst= und Jagdschutzes erstreckt sich übrigens nicht allein auf den speziell überwiesenen Geschäfts= und Schutzbezirk, sondern auch auf sämtliche angrenzende Schutz=bezirke und alle diejenigen königlichen Forsten, welche er auf dem Wege von seiner Wohnung nach seinem besonderen Geschäftsbezirke, oder auf dem Wege zum Oberförster oder zum Forstgerichte berührt. Er hat alle diese Forsten als seinem Schutze überwiesen zu betrachten und ist außerdem verpflichtet, seinen Amtsgenossen aus angrenzenden Schutzbezirken mit Rat und Tat beizustehen, und auch deren zeitweise Vertretung auf Anweisung seines Vorgesetzten zu übernehmen, sowie bei den vom Oberförster angeordneten gemeinschaftlichen Forst= und Jagdschutz=Patrouillen in anderen Schutzbezirken mitzuwirken.

---
*) Es kommen hierfür hauptsächlich die folgenden Gesetze in Frage: 1. Das Reichsstrafgesetzbuch. — 2. Gesetz betreffend den Forstdiebstahl vom 15. April 1878. — 3. Feld= und Forstpolizeigesetz vom 1. April 1880. — 4. Jagdordnung vom 15. Juli 1907 nebst Ausführungsanweisung vom 15. Juli 1907 und Nachtrag zur An=weisung vom 28. März 1912. — 5. Fischereigesetz vom 30. März 1880. — 6. Das Vogelschutzgesetz vom 30. Mai 1908.

§ 41.
b) Führung des Forst=Rügenbuchs.

Der Förster hat den Tatbestand jedes von ihm entdeckten Forst= und Jagdvergehens, indem er den Täter, welchen er trifft, sogleich darüber zur Rede stellt, den nicht mehr anwesenden Täter aber verfolgt, und nötigenfalls durch Haussuchung mit Beobachtung der dazu vorgeschriebenen Formen zu ermitteln sich bemüht, genau festzustellen und sogleich in dem stets bei sich zu führenden Notizbuche zu verzeichnen.

Dabei sind alle für das Forst=Rügenbuch behufs der zu machenden Anzeige erforderlichen Daten genau zu notieren, insbesondere Vor= und Zunamen, Alter, Gewerbe, Wohn= und Aufenthaltsort der Frevler und der haftbaren Personen (Eltern, Ehemann, Dienstherr), Bezeichnung des Frevels oder ent=wendeten Gegenstandes nach Quantität, Qualität und Geldwert, Zeit, Ort und sonstige näheren Um=stände, Zeugen und Beweismittel, abgepfändete und in Beschlag genommene Sachen. Der Förster ist verpflichtet, die zur Begehung eines Diebstahls an Holz oder anderen Waldprodukten gebrauchten Werkzeuge, da diese der Konfiskation verfallen sind, sobald er den Täter bei der Tat oder gleich nach derselben trifft, in Beschlag zu nehmen.

Die Abnahme der Werkzeuge darf nur unterbleiben, wenn derselben ein aktiver Widerstand entgegengesetzt und zur strafrechtlichen Verfolgung amtlich angezeigt wird. Die abgenommenen Gegenstände sind mit dem Namen dessen, dem sie abgenommen, und dem Datum der Beschlagnahme deutlich und dauerhaft zu bezeichnen und zur weiteren Verfügung des Oberförsters aufzubewahren.

[Die zur Wegschaffung des Entwendeten gebrauchten Wagen, Karren oder andere Transportmittel, nötigenfalls auch die dazu gebrauchten Tiere sind, soweit es zur Sicherung des Beweises oder der Strafzahlung angemessen ist, zu pfänden. Mit den gepfändeten Transportmitteln ist nach Vorschrift des Gesetzes zu verfahren]*).

---

*) Die in dem eingeklammerten Absatz enthaltenen Vorschriften sind inzwischen durch das Forstdiebstahlsgesetz vom 15. April 1878 (Ges.-S. S. 222 ff.) und die Strafprozeßordnung vom 1. Februar 1887 (Reichs-Ges.-Bl. S. 253 ff.) abgeändert worden.
Die betr. Bestimmungen lauten wie folgt:

Forstdiebstahlsgesetz.
§ 15 Abs. 2.

Die Tiere und andere zur Wegschaffung des Entwendeten dienenden Gegenstände, welche der Täter bei sich führt, unterliegen nicht der Einziehung.

§ 16.

Wird der Täter bei der Ausführung eines Forstdiebstahls oder gleich nach derselben betroffen oder verfolgt, so sind die zur Begehung des Forstdiebstahls geeigneten Werkzeuge, welche er bei sich führt (§ 15), in Beschlag zu nehmen.

Strafprozeßordnung.
§ 94.

Gegenstände, welche als Beweismittel für die Untersuchung von Bedeutung sein können oder der Einziehung unterliegen, sind in Verwahrung zu nehmen oder in anderer Weise sicher zu stellen.

Befinden sich Gegenstände in dem Gewahrsam einer Person und werden dieselben nicht freiwillig herausgegeben, so bedarf es der Beschlagnahme.

§ 95.

Wer einen Gegenstand der vorbezeichneten Art in Gewahrsam hat, ist verpflichtet, denselben auf Erfordern vorzulegen und auszuliefern.

Er kann im Falle der Weigerung durch die im § 69 bestimmten Zwangsmittel hierzu angehalten werden. Gegen Personen, welche zur Verweigerung des Zeugnisses berechtigt sind, finden diese Zwangsmittel keine Anwendung.

§ 98 Abs. 1—3.

Die Anordnung von Beschlagnahmen steht dem Richter, bei Gefahr im Verzug auch der Staatsanwaltschaft und denjenigen Polizei- und Sicherheitsbeamten zu, welche als Hilfsbeamte der Staatsanwaltschaft den Anordnungen derselben Folge zu leisten haben.

Ist die Beschlagnahme ohne richterliche Anordnung erfolgt, so soll der Beamte, welcher die Beschlagnahme angeordnet hat, binnen drei Tagen die richterliche Bestätigung nachsuchen, wenn bei der Beschlagnahme weder der davon Betroffene noch ein erwachsener Angehöriger anwesend war, oder wenn der Betroffene und im Falle seiner Abwesenheit ein erwachsener Angehöriger desselben gegen die Beschlagnahme ausdrücklichen Widerspruch erhoben hat. Der Betroffene kann jederzeit die richterliche Entscheidung nachsuchen. Solange die öffentliche Klage noch nicht erhoben ist, erfolgt die Entscheidung durch den Amtsrichter, in dessen Bezirk die Beschlagnahme stattgefunden hat.

Ist nach erhobener öffentlicher Klage die Beschlagnahme durch die Staatsanwaltschaft oder einen Polizei- oder Sicherheitsbeamten erfolgt, so ist binnen drei Tagen dem Richter von der Beschlagnahme Anzeige zu machen, und sind demselben die in Beschlag genommenen Gegenstände zur Verfügung zu stellen.

Von den Königlichen Forstschutzbeamten sind u. a. die Revierförster, Hegemeister, Förster, Forstaufseher und Forsthilfsjäger — auch während der zeitweisen Verwendung als Forstpolizeisergeanten in den Städten — zu Hilfsbeamten der Staatsanwaltschaft bestellt worden (M. E. vom 23. November 1881, 3. Januar 1883 und 16. März 1906, im Min. Bl. für die ges. innere Verw. 43. Jg. 1882 S. 34, 44. Jg. 1883 S. 24 und 67. Jg. 1906 S. 203). Als solche sind sie nach § 153 des Gerichtsverfassungsgesetzes unter Umständen zu selbständigem Handeln befugt und verpflichtet; insbesondere sind sie nach den §§ 98 (vergl. vorst.) und 105 der Strafprozeßordnung bei Gefahr im Verzuge zu Beschlagnahme und Anordnung von Durchsuchungen (sowohl zum Zwecke der Ergreifung der wegen strafbarer Handlungen Verfolgten, als zur Aufsuchung von Beweismitteln) ermächtigt.

Die Königlichen Forst- und Jagdbeamten haben die Befugnis, in ihrem Dienste zum Schutze der Forsten und Jagden gegen Holz- und Wilddiebe, gegen Forst- und Jagdkontravenienten von ihren Waffen Gebrauch zu machen. Das Nähere hierüber bestimmt das „Gesetz über den Waffengebrauch der Forst- und Jagdbeamten" vom 31. März 1837 und die „Instruktion über den Waffengebrauch" vom 17. April 1837, nebst der Ergänzung hierzu vom 14. Juli 1897. Die Befugnis zum Waffengebrauch nach Maßgabe dieses Gesetzes erhalten die Beamten nach erfolgter gerichtlicher Beeidigung auf das Forstdiebstahlsgesetz; ihnen steht bei der Ausübung des Forst- und Jagdschutzes der Schutz der §§ 113 ff. und 117 ff. Reichsstrafgesetzbuchs zur Seite.

Bei Pfändungen und Beschlagnahmen, welche gegen Forstfrevler erfolgen, wider die auf Grund spezieller Lokalgesetze zu verfahren ist, hat sich der Beamte nach den Vorschriften dieser Spezialgesetze zu richten, bezüglich deren er beim Dienstantritte sich durch den Oberförster informieren lassen muß.

Die selbst entdeckten Fälle hat der Förster binnen 24 Stunden in sein Forst-Rügenbuch, welches ihm vom Oberförster eingerichtet, d. h. mit einer mit dem Dienstsiegel angesiegelten Schnur durchzogen und rücksichtlich der Seitenzahl bescheinigt, übergeben wird, einzutragen.

Ebenso hat er darin die ihm angezeigten Fälle sofort einzutragen oder, soweit solches durch Spezialgesetze vorgeschrieben, eintragen zu lassen.

Im Forst-Rügenbuche sind ferner innerhalb 24 Stunden alle von dem Beamten wahrgenommenen erheblichen Entwendungen und Frevel, deren Täter nicht sogleich ermittelt worden, mit der Bezeichnung „Täter nicht ermittelt" unter Angabe des Sachverhalts zu vermerken.

Die Stöcke (Stubben, Stucken) entwendeter Stämme sind mit dem im Walde stets mitzuführenden Reißhaken zu bezeichnen, und wird in Ermangelung solcher Bezeichnung angenommen, daß die Entwendung unbemerkt geblieben ist.

Von allen wichtigeren Frevelfällen, namentlich aber von allen Diebstählen an aufgearbeitetem Holze, sowie auch von den etwa entdeckten Wilddiebstählen und Jagdkontraventionen und in den Fällen, wo gepfändete Transportmittel dem nächsten Ortsvorstande überliefert sind, oder wo gefreveltes Holz von beträchtlicherem Werte abgenommen und baldigst zu verwerten ist, hat der Förster neben der Eintragung in das Forst-Rügenbuch dem Oberförster unverzüglich entweder schriftlich oder mündlich Anzeige zu machen.

Den zur Aburteilung der angezeigten Frevelfälle angesetzten Forstgerichtsterminen hat der Förster auf Anweisung des Oberförsters unter Mitnahme seines Rügenbuchs pünktlich beizuwohnen, die dadurch notwendig werdende Abwesenheit aus seinem Schutzbezirke aber nach Möglichkeit abzukürzen.

§ 42.

c) Verhütung von Insektenschäden.

Der Förster muß die Schonung und Pflege nützlicher Tiere, wie namentlich der Eulen, Bussarde, Rüttelweihen, Spechte, Stare, Kuckuck, Wiedehopf, Meisen und anderer Insekten fressenden Vögel, sowie der Igel, Wiesel, Dachse, Maulwürfe, Ameisen usw. sich nach Möglichkeit angelegen sein lassen und auf die schädlichen Tiere, insbesondere auf Mäuse und schädliche Forstinsekten, und auf die ihr Vorhandensein andeutenden Kennzeichen, nicht allein innerhalb seines Schutzbezirks, sondern auch für die angrenzenden Privat-, Kommunal- usw. Waldungen gehörige Aufmerksamkeit verwenden.

Bemerkt er, daß eine oder die andere Gattung von schädlichen Forstinsekten häufiger als nur in ganz vereinzelten Exemplaren vorkommt, so hat er dem Oberförster davon sofort Anzeige zu machen. Die Probesammlungen nach schädlichen Forstinsekten sind durch den Förster nach der speziellen Anordnung des Oberförsters mit der größten und der Wichtigkeit des Zweckes entsprechenden Gewissenhaftigkeit auszuführen. Werden Vertilgungsmaßregeln gegen schädliche Waldinsekten notwendig, so werden dieselben vom Oberförster speziell angeordnet und unter Aufsicht des Försters ausgeführt.

Der letztere muß die ihm zu diesem Zwecke überwiesenen Arbeiter nicht allein rücksichtlich ihres Fleißes gehörig überwachen, sondern auch mit aller Strenge zur pünktlichen und vollständigen Ausführung der angeordneten Maßregeln anhalten. Namentlich muß er, wenn die Arbeit in Stücklohn verdungen ist, besonders sorgfältig darauf achten, daß Unterschleife seitens der Arbeiter durch Ablieferung außerhalb der bestimmten Forstorte oder gar außerhalb der königlichen Forst gesammelter Insekten nicht vorkommen. Er darf deshalb die Arbeiter niemals ohne stellvertretende Aufsicht verlassen.

Die Aufstellung der Lohnzettel über die zur Vertilgung schädlicher Forstinsekten erforderlich gewordenen Arbeiten erfolgt durch den Förster auf Grund des von ihm zu führenden Arbeiter-Notizbuchs, wozu ihm die Formulare geliefert werden.

Für die Richtigkeit aller darin enthaltenen Aufzeichnungen ist er verantwortlich.

In diesem Notizbuche hat der Förster an Ort und Stelle täglich morgens die Namen sämtlicher verschiedenen Arbeiter zu verzeichnen und nach der in der Regel allabendlich zu bewirkenden Abnahme der den Tag über unter Aufsicht gesammelten Insekten, Raupen, Puppen usw. das von jedem Arbeiter abgelieferte Quantum nach der bestimmten Maßeinheit zu notieren, um danach die Lohnzettel auf den dazu zu liefernden Formularen aufstellen und auf Pflicht und Gewissen dahin bescheinigen zu können, daß die verzeichneten Quantitäten wirklich in den zu bezeichnenden Forstorten gesammelt worden sind.

Die Abnahme ist nach der dazu vorgeschriebenen Maßeinheit (Stückzahl, Maß, Gewicht usw.) mit der größten Sorgfalt in Gegenwart der Arbeiter nach näherer Anweisung des Oberförsters zu bewirken.

Die Vernichtung der abgenommenen Insekten darf nur in Gegenwart des Oberförsters oder des von ihm zu seiner Stellvertretung bestimmten Beamten, oder aber in Gegenwart der versammelten Arbeiter so erfolgen, wie der Oberförster es anordnet, und es ist in der Bescheinigung auf dem Lohnzettel vom Förster anzugeben, in wessen Gegenwart und wie die Vernichtung bewirkt ist.

§ 43.
d) Verhütung von Waldbränden.

Der Förster hat mit den zum Schutze des Waldes und der Moore gegen Feuersgefahr ergangenen gesetzlichen und polizeilichen Bestimmungen sich gehörig bekannt zu machen und mit Strenge darauf zu sehen, daß dieselben überall, ganz besonders streng aber in den Nadelholzwaldungen und auf den Mooren genau befolgt werden. Vor allem ist das Feueranmachen ohne Erlaubnis, sowie das Tabakrauchen im Walde, soweit es polizeilich verboten ist, nicht zu dulden, vielmehr stets zur Bestrafung anzuzeigen.

Insbesondere ist auch darauf zu sehen, daß die Holzhauer und Kulturarbeiter und sonstigen Arbeiter, namentlich wenn ihnen etwa zur Speisebereitung das Anmachen von Feuer gestattet werden mußte, und ebenso die etwa im Walde beschäftigten Köhler stets die gehörige Vorsicht beobachten, ferner daß in der trockenen Jahreszeit nicht mit Flachs= oder Wergpfropfen geschossen wird, daß die Gestelle resp. Distriktslinien und Grenzlinien stets gehörig offen, und wo Eisenbahnen den Wald durchschneiden, die gegen dieselben angelegten Sicherheitsstreifen stets wund und frei von allen brennbaren Stoffen erhalten werden.

Entsteht ein Wald= oder Moorbrand, so muß der Förster sich sofort an Ort und Stelle begeben und sich bemühen, mit Heranziehung der zu erlangenden Waldarbeiter oder anderer Leute das Feuer zu löschen.

Hat dasselbe aber bereits um sich gegriffen und droht gefährlich zu werden, so muß der Förster sofort durch expresse Boten den Oberförster benachrichtigen und die Ortsbehörde der nächsten Ortschaften auffordern lassen, Sturm zu läuten und die erforderlichen Mannschaften mit den nötigen Werkzeugen herbei zu beordern.

Bis zum Eintreffen des Oberförsters hat der Förster ohne Aufschub die wirksamsten Löschungsmaßregeln in Anwendung zu bringen.

Nach Bewältigung des Feuers muß die Brandstelle solange bewacht werden, bis man sich überzeugt hat, daß das Feuer gänzlich getilgt worden ist. Hiernächst hat der Förster dem Oberförster, wenn dieser nicht selbst zugegen gewesen sein sollte, über den Vorfall eine vollständige Anzeige zu machen und die erforderlichen Nachforschungen über die Art der Entstehung des Feuers und namentlich zur Entdeckung desjenigen, welcher das Feuer angelegt oder verursacht hat, anzustellen.

Zur Verhütung von Waldbränden ist neuerdings, durch den Min. Erl. vom 8. April 1912. III. 3664 (M. B. f. L. usw. VIII. Jg. Seite 157) den Königlichen Regierungen empfohlen worden, folgende Anordnungen zu treffen:

„1. Die Feuerwachtürme sind grundsätzlich mit Fernsprecheinrichtung und einer Anlage zur Bestimmung des Feuerorts zu versehen. Es wird auch zweckmäßig sein, den Feuerwächtern, zu denen nur vollständig zuverlässige Leute ausgewählt werden dürfen, für schnelle und richtige Meldungen besondere Belohnungen in Aussicht zu stellen.

2. Auf den Forstdienstgehöften besonders feuergefährdeter Reviere sind Kienfackeln (zum Gegenfeuer=Anlegen!) bereit zu halten und bei Feueralarm zur Brandstelle mitzubringen.

3. Die Aussicht, einen Waldbrand schnell zu unterdrücken, ist von vornherein besser, wenn die Mannschaften, die zur Hilfe eilen, geeignete Werkzeuge mit sich führen. Hierauf müssen die Revierbeamten die in Betracht kommenden Bevölkerungskreise, insbesondere die Gemeindevorsteher, bei sich bietenden Gelegenheiten aufmerksam machen. Werden Löschmannschaften durch die Forstverwaltung bei den Gemeindevorstehern usw. angefordert, so ist an das Mitbringen von geeigneten Werkzeugen jedesmal besonders zu erinnern.

4. Beachtenswert erscheint schließlich die vom Forstmeister Voigt, Schwerin a. W., bei der diesjährigen Tagung des Märkischen Forstvereins gegebene Anregung, da, wo die Feuersgefahr groß ist, Revierbeamte und Löschmannschaften (in erster Linie die ständigen Waldarbeiter) durch praktische Übungen, die in jedem Jahre mit ihnen abgehalten werden, in der Bekämpfung von Waldbränden zu unterweisen und auf sie vorzubereiten. Ich halte es für erwünscht, daß in besonders feuergefährdeten Revieren nach diesem Vorschlag verfahren werde."

Für große zusammenhängende Aufforstungsflächen ist die Anlage etwa 100 bis 150 m breiter nadelholzfreier Trennungsstreifen empfohlen (M. E. vom 3. Juli 1902. III. 7173 in D. J. V. Bd. XXXIV S. 191).

Anlage und Behandlung der Feuerschutzstreifen an den Eisenbahnen innerhalb von Waldbeständen. Der Königlichen Regierung lasse ich in der Anlage ... Exemplare der „Vorschriften über die

— 21 —

Anlage und Behandlung der Feuerschutzstreifen an den Haupt= und Nebeneisenbahnen innerhalb der Waldbestände" (a.) vom heutigen Tage mit folgenden Aufträgen zugehen:

1. Die „Vorschriften" sind bei jeder Oberförster= und Försterstelle, deren Dienstbezirk von Eisenbahnen durchschnitten oder berührt wird, zu inventarisieren, auch jedem Regierungsforstbeamten zum dienstlichen Gebrauche in einem Exemplare auszuhändigen. Die Königliche Regierung wolle der Geheimen Forstregistratur meines Ministeriums binnen 8 Tagen die Zahl der für den dortigen Bezirk hiernach noch erforderlichen Exemplare mitteilen.

2. Die Herstellung und Behandlung der Feuerschutzstreifen längs den die fiskalischen Forsten durchschneidenden oder berührenden Haupt= und Nebeneisenbahnen hat fortan nach den in den Vorschriften aufgestellten Grundsätzen zu erfolgen.

3. Um festzustellen, inwieweit die längs der Staatseisenbahnen innerhalb der fiskalischen Forsten vorhandenen Schutzanlagen den Vorschriften entsprechen oder nach Maßgabe der Vorschriften zu ergänzen bezw. wiederherzustellen sind, soll alljährlich bis zum 15. März eine gemeinschaftliche Bereisung der in Betracht kommenden Strecken durch Beamte der Königlichen Eisenbahn= und der Forstverwaltung erfolgen. Über den vorgefundenen Zustand der Anlagen und etwa notwendige Verbesserungen desselben haben diese Beamten eine Verhandlung aufzunehmen, die sie in je einer Ausfertigung alsbald ihrer vorgesetzten Behörde zur weiteren Verfügung einreichen.

4. Als Vertreter der Forstverwaltung hat nach Bestimmung der Königlichen Regierung entweder der Revierverwalter allein oder der zuständige Bezirksforstrat an den Revierverwalter an den jährlichen Bereisungen, zu denen der Förster des betreffenden Schutzbezirkes in jedem Falle zuzuziehen ist, teilzunehmen.

Wer als Vertreter der Eisenbahnverwaltung an den Bereisungen teilzunehmen hat, wird die Königliche Eisenbahndirektion, mit der die Königliche Regierung sich wegen Ausführung der diesjährigen Bereisung sofort in Verbindung setzen wolle, seinerzeit der Königlichen Regierung mitteilen.

5. Wegen Ausführung und Bezahlung der notwendigen Feuerschutzanlagen verbleibt es im allgemeinen bei den bestehenden Vorschriften. Es sind demnach die auf den Schutzstreifen notwendig werdenden Abtriebshauungen, Durchforstungen und Trocknishiebe, die Beseitigung des Abraums nach diesen Fällungsarbeiten, die Aufforstungen und die Nachbesserungen dieser durch die Forstverwaltung und auf deren Kosten auszuführen. Die Aufästungen werden gleichfalls durch die Forstverwaltung ausgeführt, die hierfür verausgabten Kosten aber von der Eisenbahnverwaltung erstattet. Alle übrigen Arbeiten an den Feuerschutzanlagen werden von der Königlichen Eisenbahnverwaltung und auf deren Kosten ausgeführt.

6. Es ist mit allem Nachdruck dahin zu wirken, daß die der Forstverwaltung obliegenden Arbeiten an den Feuerschutzanlagen, insbesondere also die erforderlichen Durchforstungen und Aufästungen und die Beseitigung des Abraums von den Schlag= und Aufästungsflächen schon vor der Frühjahrsbereisung ausgeführt und die bei der Bereisung sich etwa noch als notwendig herausstellenden Ergänzungsarbeiten mit größter Beschleunigung fertig gestellt werden.

Wegen der Ausführung solcher Neuanlagen, die etwa in der Bereisungsverhandlung als notwendig oder erwünscht bezeichnet werden, hat die Königliche Regierung sich mit der Königlichen Eisenbahndirektion alsbald nach Vorlage der Verhandlung zu verständigen.

7. Wegen Herbeiführung eines vorschriftsmäßigen Zustandes der Feuerschutzanlagen längs der Privateisenbahnen innerhalb der fiskalischen Forsten wolle die Königliche Regierung nach Benehmen mit dem Königlichen Eisenbahnkommissar mit den betreffenden Bahnverwaltungen in Verbindung treten. Soweit frühere vertragliche Abmachungen nicht entgegenstehen, wird die Herstellung und Unterhaltung der Schutzanlagen und die fortlaufende Kontrolle über den Zustand der Anlagen hier in gleicher oder doch möglichst ähnlicher Weise zu regeln sein wie bei den Staatseisenbahnen.

8. In jeder mir künftig vorzulegenden Einleitungs= oder Taxationsverhandlung zu einer Betriebsregelung ist zu erörtern, ob und eventuell welche besonderen Betriebsmaßnahmen erforderlich erscheinen, um einen befriedigenden Zustand der Feuerschutzanlagen längs der das Revier durchschneidenden Eisenbahnen zu erhalten oder herbeizuführen.

9. Bis zum 1. August d. J. erwarte ich den Bericht der Königlichen Regierung

a) über den allgemeinen Zustand der Feuerschutzanlagen längs der Staatseisenbahnen innerhalb der Staatsforsten dortigen Bezirks, wie er durch die erste Frühjahrsbereisung festgestellt worden ist;

b) über die von der Königlichen Regierung und der Königlichen Eisenbahnverwaltung beschlossenen Verbesserungen des gegenwärtigen Zustandes der Anlagen zu a durch Neuanlagen, über die für diese Neuanlagen ins Auge gefaßte Ausführungszeit und über die voraussichtlich hierfür aus forstfiskalischen Mitteln aufzuwendenden Kosten;

c) über den allgemeinen Zustand der Feuerschutzanlagen längs der Privateisenbahnen innerhalb der Staatsforsten und das Ergebnis der mit den zuständigen Verwaltungen über die Verbesserung und Unterhaltung dieser Anlagen sowie über die Einführung einer gemeinsamen ständigen Kontrolle der Anlagen geführten Verhandlungen;

d) über die im Interesse der Erhaltung oder Herbeiführung eines zweckentsprechenden Zustandes der Feuerschutzanlagen längs der Eisenbahnen etwa erforderlichen alsbaldigen Abänderungen bestehender Forstbetriebsvorschriften.

Ich spreche schließlich die Erwartung aus, daß die Königliche Regierung es sich angelegen sein lassen werde, den Zustand der Feuerschutzstreifen innerhalb der fiskalischen Forst so rasch wie möglich zu einem zweckentsprechenden zu gestalten und insbesondere darauf, daß die Lokalforstbeamten die erteilten Vorschriften über die Behandlung der gedachten Anlagen sorgfältig beachten und bei häufiger Kontrolle die vorgefundenen Mängel der Unterhaltung ungesäumt abstellen oder zuständigen Ortes zur Sprache bringen, sondern auch die

Regierungsforstbeamten dem wichtigen Gegenstande die gebührende Aufmerksamkeit zuwenden und jede Gelegenheit benutzen werden, sich von dem Zustande der Schutzstreifen an Ort und Stelle zu überzeugen.

10. Wegen Behandlung der Feuerschutzanlagen längs der Eisenbahnen (Staatseisenbahnen und Privateisenbahnen) in nichtfiskalischen Forsten wird sich die Königliche Eisenbahndirektion bezw. der Königliche Eisenbahnkommissar mit der Königlichen Regierung in Verbindung setzen. Diese wolle einem etwaigen Ersuchen der Eisenbahnverwaltung um die Mitwirkung Königlicher Forstbeamten bei der Untersuchung der Feuerschutzanlagen in nichtfiskalischen Forsten entsprechen.

11. Die Sicherung der Waldungen gegen Brandgefahr wird es voraussichtlich nicht nötig erscheinen lassen, längs der Kleinbahnen Feuerschutzstreifen in demselben Umfange anzulegen, wie längs der Staats- und Privateisenbahnen.

Die Königliche Regierung wird jedoch innerhalb der fiskalischen Forsten den Zustand etwaiger Feuerschutzanlagen längs der Kleinbahnen ebenfalls zu prüfen und im Benehmen mit den betreffenden Bahnverwaltungen festzustellen haben, in welcher Weise unter sinngemäßer Beachtung der anliegenden Vorschriften ein ausreichender Schutz der Staatswaldungen gegen die von den Kleinbahnen ausgehende Waldbrandgefahr noch herbeizuführen ist. Diese Feststellungen haben im Benehmen mit den bei der Beaufsichtigung mitwirkenden Königlichen Eisenbahndirektionen zu erfolgen.

Über das Ergebnis der Ermittelungen ist unter Vorlage entsprechender Kostenanschläge innerhalb drei Monaten zu berichten. Gleichzeitig wolle die Königliche Regierung sich gutachtlich darüber äußern, von wem und auf wessen Kosten die Schutzanlagen herzustellen und zu erhalten sein werden. (M. E. vom 26. Januar 1905. III. 947 in D. J. B. Band XXXVII. Seite 35 ff.)

a.
Vorschriften über die Anlage und Behandlung der Feuerschutzstreifen an den Haupt- und Nebeneisenbahnen innerhalb der Waldbestände.

Vorbemerkung. Die Vorschriften finden im Preußischen Staatsgebiete allgemein Anwendung auf neu zu erbauende Haupt- und Nebeneisenbahnen; bei den schon im Betriebe oder in der Bauvorbereitung befindlichen Bahnen gleicher Art sind die Aufsichtsbehörden berechtigt, einschränkende Bestimmungen zu treffen.

1. Allgemeines.

Der einstweilen nicht genügend zu verhütende Auswurf glühender Kohlen aus den Lokomotiven und der von Jahr zu Jahr an Ausdehnung und Lebhaftigkeit gewinnende Betrieb der Eisenbahnen lassen einen sorgfältigen Schutz der Forsten vor der ihnen von den Eisenbahnen drohenden Feuersgefahr immer dringlicher erscheinen.

Die besten Schutzanlagen sind mit Holz bestandene Streifen von hinreichender Breite, durch welche die glühenden Kohlenstückchen nicht hindurch-, über welche sie nicht hinwegfliegen können.

Der Boden dieser Streifen ist frei zu halten von brennbaren Stoffen, die bei entstehendem Feuer — und solches entsteht im Walde immer im Bodenüberzug — große Hitze und hoch aufschlagende Flamme erzeugen, wie Heide, Wacholder, hohes trocknes Gras, Rohhumusmassen, abgefallene trockne Zweige, trocknes Gestrüpp usw. Eine vollständige Beseitigung des Bodenüberzuges auf den bestandenen Streifen ist nicht erforderlich und im Interesse der Erhaltung der Bodenkraft auch nicht erwünscht, dagegen sind die Bäume bis zu einer Höhe von 1,5 m von allen trocknen Ästen und soweit grüne Äste bis tief auf den Boden hinunterhängen, auch von diesen zu befreien. Nur die grünen Äste der am bahnseitigen Rande der Schutzstreifen stehenden Stämme sind niemals zu beseitigen.

Um das Überlaufen der häufigen Böschungsfeuer in den Bestand des Schutzstreifens zu hindern, ist zwischen diesem und der Böschung ein 1 m breiter Wundstreifen dauernd frei von allen brennbaren Stoffen zu halten.

Die Breite des bestandenen Streifens selbst ist auf 12—15 m zu bemessen und von der hinter ihm liegenden zu schützenden Forst durch einen dauernd und vollständig frei von brennbaren Stoffen zu haltenden Wundstreifen von 1,5 m Breite zu trennen.

Die beiden Wundstreifen längs der Eisenbahnböschung und längs des zu schützenden Waldes sind je nach der Größe der Gefahr in Abständen von 20—40 m durch 1 m breite Wundstreifen miteinander zu verbinden.

Auf trocknen und armen Standorten, für welche die Gefahr besonders groß ist, werden Schutzstreifen am besten mit der Kiefer aufgeforstet, deren früh sich entwickelnde Borke sie besonders widerstandsfähig gegen Lauffeuer macht, während sie als immergrüner Baum die Funken zu jeder Jahreszeit mit gleicher Sicherheit auffängt. Für bessere Standorte kommt auch die Fichte in Betracht. Dasselbe gilt von den Laubhölzern, die auf armen und trocknen Böden meist nur kümmerlich sich entwickeln und hier den gefährlichen Gras- und Heidewuchs weniger gut unterdrücken wie die Kiefer.

2. Ausführung.
A. Neuanlage von Schutzstreifen.

Neuanlagen sind nur auszuführen, insoweit die aufzuwendenden Kosten in einem richtigen Verhältnis zur Größe der abzuwendenden Gefahr stehen und können z. B. bei kleinen Feldhölzern, ausgeharkten Bauernforsten mäßigen Umfanges usw. unterbleiben.

Beim Neubau von Bahnen ist der Bestand längs des Bahnkörpers nur so weit abzutreiben, wie dies für die Übersichtlichkeit der Strecke und die Sicherheit des Bahn- und Telegraphenbetriebes vor überfallendem Holz erforderlich ist. Je breiter die Bahngasse durch den Wald gelegt wird, desto leichter und weiter werden die glühenden Kohlen seitwärts in den Bestand getrieben.

Beiderseits der Bahn wird der vorhandene Bestand in der oben angegebenen Weise zu einem **bestandenen Schutzstreifen** umgewandelt.

Die vorgeschriebenen Wundstreifen können durch befahrene Wege, vorhandene Wassergräben oder jährlich mit Seradella anzusäende Streifen ersetzt werden. Wo trockner Moor- oder Torfboden sich findet, kommt Besandung der Wundstreifen in Frage.

Der bestandene Schutzstreifen ist in der Regel nicht breiter anzulegen wie oben unter 1 angegeben.

Ist der Bestand noch nicht hoch genug, um die Funken aufzufangen, oder das Terrain dem Winde besonders ausgesetzt, so ist die Anlage eines zweiten eventuell dritten Parallel-Schutzstreifens hinter dem ersten, nicht aber eine Verbreiterung dieses ersten Streifens am Platze.

Bestände, die an der Außenseite einer Kurve oder gegenüber von Blößen und neben hohen Bahndämmen liegen, sind besonders gefährdet und können ebenfalls die Anlage eines zweiten Parallel-Schutzstreifens an der gefährdeten Bahnseite erfordern. Ist der von der Bahn durchschnittene Bestand hoch und sturmgefährdet, so wird mit Rücksicht auf die Sicherheit des Bahn- und Telegraphenbetriebes der Bestand soweit erforderlich abgetrieben und die abgetriebene Fläche bis an den Wundstreifen längs der Bahnböschung sofort wieder aufgeforstet.

B. Behandlung schon vorhandener Schutzanlagen.

Es ist sorgfältig zu prüfen, ob die vorhandenen Schutzanlagen nach ihrer Art den beabsichtigten Zweck erfüllen können. Bejahendenfalls sind sie, und zwar im ersten Frühjahre, unmittelbar nach Weggang des Schnees bezw. bis zu dieser Zeit durch vollkommenes Wundmachen der vorgeschriebenen Wundstreifen (oder Gräben), Befreien der Stämme von allen trocknen Ästen bis zu einer Höhe von 1,5 m und von allen zu tief herabhängenden grünen Ästen und Entfernung aller leicht brennbaren und im Entzündungsfalle die Entwicklung einer hoch aufschlagenden Flamme und starker Hitze ermöglichenden Stoffe vom Boden des bestandenen Schutzstreifens in guten Zustand zu bringen.

Ältere Laubholz- und andere ungefährdete Bestände auf hinreichend frischem Boden, in denen eine Zündung durch glühende Kohlen nicht zu befürchten, werden unter Umständen durch die Unterhaltung eines Wundstreifens längs der Bahnböschung genügend geschützt.

Die durch Anbau von Hackfrüchten und grün zu gewinnenden Futterkräutern (nicht von Getreide) landwirtschaftlich genutzten Streifen können vorläufig unverändert beibehalten werden, wenn hinter ihnen ein bestandener Schutzstreifen von genügender Breite liegt.

Liegen vor einem gefährdeten Bestande nur kahle Schutzstreifen, so ist der Waldrand in einen vorschriftsmäßig bestandenen Schutzstreifen alsbald umzuwandeln.

Ungenutzte kahle Schutzstreifen sind allmählich unter Belassung eines Wundstreifens längs der Eisenbahnböschung aufzuforsten, und zwar in der Regel durch die Kiefer mittels Pflanzung in der Bahn gleichlaufenden Reihen. Mit einjährigen Kiefern wird in einem Verbande von 1,2 : 0,5 m, mit verschulten 3jährigen Kiefern oder mit Wildlingsballen in einem Verbande von 1,3 : 1,3 m gepflanzt. Der Boden zwischen den Reihen wird jährlich im Frühjahr einmal durch Hacken wund gemacht, bis die Pflanzen die Höhe von etwa 1 m erreicht haben. War die Fläche vor der Aufforstung vollständig umgepflügt, so läßt sich diese Arbeit auch mit der Pferdehacke ausführen. Im Bedarfsfalle ist das Hacken im Laufe des Sommers noch einmal zu wiederholen.

Beginnt das Absterben der unteren Äste, so müssen die trocknen und absterbenden Äste abgeschnitten und von der Fläche entfernt werden.

Nach Abschluß der Nachbesserungsperiode wird in den Pflanzreihen durch Beseitigung der etwa überzähligen Stämmchen ein Pflanzenabstand von durchschnittlich 1 m hergestellt. Kann der Boden bei eintretendem Schluß der Pflanzung nicht mehr gehackt werden, so wird das vorgeschriebene Wundstreifennetz über die Fläche gelegt (siehe lfde. Nr. 1.)

Der Schutzstreifen in dem hinter der Kultur liegenden älteren Bestande ist so lange zu erhalten, bis der vorliegende Aufforstungsstreifen die erforderliche Höhe erreicht hat und seinerseits als Schutzstreifen wirken kann.

Sollen an Stelle der Kiefern junge Laubhölzer gepflanzt werden, so ist das Wundmachen des Bodens ebenfalls notwendig.

3. Betrieb.

Die Wundstreifen sind dauernd wund zu halten und jährlich wenigstens einmal im Frühling sofort nach Schneeabgang bezw. bis zu dieser Zeit von Nadeln, Laub usw. zu reinigen (soweit sie nicht gegrubbert und mit Seradella besäet werden).

Dasselbe gilt von den Hackstreifen zwischen den jungen Pflanzenkulturen auf den Schutzstreifen. Die Bestände der Schutzstreifen sind sorgfältig von allen abgestorbenen Ästen bis zu 1,5 m am Stamme herauf, desgleichen von tief auf den Boden herabhängenden Ästen, auch wenn sie noch grün sind, zu befreien und häufig zu durchforsten, doch muß sich die Durchforstung meist auf Entnahme der trocknen Stämme beschränken und dem Waldmantel jeder weiche Stamm und Zweig erhalten bleiben.

Alle abgefallenen trocknen Zweige sind vom Boden der Schutzstreifen zu entfernen, ebenso sich einstellender stärkerer Gras- oder Heidewuchs usw.

Der Bestand auf dem Schutzstreifen ist in einem 60—80 jährigen Umtriebe zu bewirtschaften. Muß er verjüngt werden, so darf das niemals gleichzeitig auf beiden Seiten, sondern nur einseitig der Bahn und niemals gleichzeitig mit der Verjüngung des dahinter liegenden Bestandes geschehen. Der Bestand auf der zweiten Seite der Bahn darf erst verjüngt werden, wenn die Anpflanzung auf der ersten verjüngten Seite genügende Höhe — Höhe des Lokomotivenschornsteins — erreicht hat. Die gleiche Höhe muß der hinter dem altbestandenen Schutzstreifen angelegte junge Bestand erreicht haben, ehe der Schutzstreifen selbst abgetrieben werden darf.

Bis der auf dem Schutzstreifen angelegte junge Bestand eine Höhe von etwa 3 m erreicht hat, ist hinter ihm ein bestandener Schutzstreifen von etwa 12—15 m Breite zu unterhalten.

Feuerschutzanlagen längs den Kleinbahnen innerhalb fiskalischer Forsten: .... Ich will, wie bisher, so auch in Zukunft der Königlichen Regierung die Entscheidung darüber, ob und eventuell welche Feuerschutzanlagen innerhalb des fiskalischen Gebietes längs den Kleinbahnen zu fordern sind, unter der Voraussetzung überlassen, daß hierbei gegebenenfalls die Königliche Regierung sich im allgemeinen die Grundsätze zum Anhalte dienen läßt, von denen die durch den erwähnten Runderlaß mitgeteilten „Vorschriften über die Anlage und Behandlung der Feuerschutzstreifen an den Haupt- und Nebeneisenbahnen innerhalb der Waldbestände" ausgehen.

In betreff der Ausführung der für notwendig erachteten Schutzanlagen und der Tragung der entstehenden Kosten werden, sofern nicht vertragsmäßig bereits anderes vereinbart worden ist, die Kleinbahngesellschaften in der Regel dieselben Verpflichtungen übernehmen müssen, denen sich in dieser Beziehung die Königlichen Eisenbahnverwaltungen unterzogen haben.

Um festzustellen, inwieweit die längs den Kleinbahnen innerhalb der fiskalischen Forst hergestellten Anlagen dem Bedürfnis genügen oder zu ergänzen bezw. wieder herzustellen sind, sind von der Königlichen Regierung alljährliche Bereisungen der in Betracht kommenden Strecken durch die zuständigen beiderseitigen Beamten in gleicher Art wie es unter laufender Nr. 3 der allgemeinen Verfügung vom 26. Januar d. Js. (s. vorstehend) für die Haupt- und Nebenbahnen vorgeschrieben worden ist, mit den Kleinbahngesellschaften zu vereinbaren (M. E. vom 19. Dezember 1905. III. 15664. III. 12557 im M. B. f. L. usw. II. Jg. S. 46).

Schadensersatzpflicht der Beamten bei Waldbränden: „.... Im übrigen wolle die Königliche Regierung erneut eine sorgfältige Durchführung der auf die Verhütung von Waldbränden gerichteten Anordnungen den nachgeordneten Beamten zur Pflicht machen und sie nicht im Zweifel darüber lassen, daß im Falle groben Verschuldens unnachsichtlich Regreßansprüche würden erhoben werden." (M. E. vom 30. März 1905. III 4047 in D. J. B. Band XXXVII Seite 159.)

§ 44.
e) Verhütung von Wasserschäden.

Zur Verhütung von Wasserschäden müssen die Förster die ihren Bezirk berührenden Deiche und Dämme, die Schleusen und dergleichen, besonders bei hohem Wasserstande fleißig nachsehen und die bemerkten Mängel oder Beschädigungen ihrem Vorgesetzten, oder wenn Gefahr beim Verzuge ist, der nächsten Ortsobrigkeit zur Abhilfe sogleich anzeigen, inzwischen auch die zur Abwendung der Gefahr etwa dienlichen Vorkehrungen sofort treffen. Die durch das Wasser verursachten Beschädigungen an Kulturen, Schonungs- und Abzugsgräben, Brücken, Wegen, Stegen usw. müssen sie ebenfalls ihrem Vorgesetzten sogleich melden (vgl. § 46).

§ 45.
f) Wind-, Schnee-, Duft- und Eisbruch.

Wenn Wind-, Schnee- oder Duft- oder Eisbruch erfolgt, so hat der Förster dem Oberförster davon sogleich Anzeige zu machen und dessen weitere Anordnungen abzuwarten.

Sollte jedoch auf einem öffentlichen Wege die Kommunikation mit Fuhrwerk gehemmt sein, so ist der Förster verpflichtet, die Aufräumung derselben sofort bewirken zu lassen.

Ist das gebrochene Holzquantum bedeutend und zu einer Zeit erfolgt, wo der Holzeinschlag im Gange ist, so muß der Förster bis zum Eingange der unverzüglich einzuholenden Bestimmungen des Oberförsters die Holzfällungen in den Schlägen sofort sistieren und nur die bereits gefällten Stämme noch aufarbeiten lassen.

§ 46.
g) Verhütung von Gefahr auf den Wegen.

Der Förster hat fortdauernd seine Aufmerksamkeit darauf zu richten, daß auf den Wegen und Brücken keine Gefahr und Stockung für den Straßenverkehr eintritt. Er hat, sobald ein Hindernis für die gefahrlose Benutzung eines Weges bemerkbar wird, dasselbe tunlichst im Entstehen sofort zu beseitigen, und wenn dazu die Annahme von Werkleuten oder mehrtägige Verwendung von Handarbeitern erforderlich wird, schleunigst die Weisung des Oberförsters einzuholen, inzwischen aber die erforderliche Vorkehrung zur Abwendung von Gefahr zu treffen, nötigenfalls auch die Sperrung des Weges zu bewirken.

§ 47.
h) Einhegung der Schonungen.

Im Frühjahr vor Beginn der Weidezeit, und nachdem der Oberförster darüber bestimmt hat, welche Forstorte von neuem in Schonung gelegt und welche der älteren Schonungen nunmehr der Weide geöffnet werden sollen, muß der Förster alle in Hege zu haltenden Forstorte mit den vom Oberförster zu bestimmenden Hegezeichen kenntlich versehen lassen und die Weideberechtigten, wie die Weidemieter resp. deren Hirten von den Grenzen derselben, soweit es nötig, durch örtliche Anweisung in Kenntnis setzen. Die zur Weide neu aufgegebenen Schonungen muß der Förster von Zeit zu Zeit genau besichtigen und sobald sich an ihnen Schaden durch das Weidevieh bemerklich macht, hiervon dem Oberförster sofort Anzeige erstatten.

§ 48.
i) Revision der Grenzen.

Auf die Erhaltung der Grenzzeichen hat der Förster stete Aufmerksamkeit zu richten und von jedem beschädigten Grenzmale dem Oberförster zur unverweilten Wiederherstellung, ebenso von Grenzveränderungen und Grenzüberschreitungen seitens der Angrenzer, sobald er sie wahrnimmt, unverzüglich Anzeige zu machen. Bemerkt er, daß eine Grenzmarke von ihrer Stelle entfernt ist, so hat er, wenn der Grenzpunkt noch deutlich zu erkennen ist, diesen sofort durch einen einzuschlagenden Pfahl zu markieren. Außerdem hat der Förster regelmäßig in den Monaten Mai oder Juni und Oktober die äußeren und inneren Grenzen des Schutzbezirks von Grenzmal zu Grenzmal zu begehen, sich dabei davon zu überzeugen, ob alle Grenzzeichen noch vorhanden sind, und sich zu notieren, welche Grenzzeichen der Auffrischung oder Erneuerung und welche Grenzlinien etwa einer Aufräumung bedürfen, oder wo etwa Grenzüberschreitungen seitens der Angrenzer stattgefunden haben.*)

Der über den Grenzbefund zu erstattende schriftliche Rapport ist dem Oberförster regelmäßig bis spätestens Ende Juni und Mitte November jedes Jahres zu übergeben.*)

Um den Förster in den Stand zu setzen, diese Grenz-Revisionen ordnungsmäßig auszuführen, die Zahl der Grenzzeichen stets kontrollieren und den Ort, wo von ihm Mängel bemerkt worden sind, resp. die schadhaften Grenzzeichen selbst einzeln nach ihrer Nummer bezeichnen zu können, soll, wo solches nicht schon geschehen ist, darauf Bedacht genommen werden, ihm ein spezielles Verzeichnis aller in seinem Schutzgebiete vorhandenen Grenzmale oder eine Handzeichnung von den Grenzen zuzustellen.

Wo die Forsten durch Erdwälle und Knicks begrenzt sind, hat der Förster zugleich darauf zu achten, daß sowohl die Erdwälle als auch die auf ihnen vorhandenen Knicks stets ordnungsmäßig unterhalten werden. Er hat solche Grenzen jährlich einmal speziell zu begehen, sich davon zu überzeugen, ob die angrenzenden Verpflichteten die erforderlichen Reparaturen ausgeführt haben, und hierüber bis Mitte November j. J. dem Oberförster schriftlich Anzeige zu machen.

*) **Unter Abänderung der Vorschriften im § 48 ist bestimmt worden, "daß die Förster in Zukunft regelmäßig jährlich einmal und zwar in den Monaten Mai, Juni oder Juli alle äußeren und inneren Grenzen ihres Schutzbezirks zu begehen und den schriftlichen Bericht über den Grenzbefund bis spätestens Ende Juli dem Revierverwalter vorzulegen haben."** (M. E. vom 18. Juli 1904. III. 9592 in D. J. B. Band XXXVI Seite 231.)

§ 49.
5. Hauungen und Holzabgabe.
a) Anweisung der Schläge durch den Oberförster und Auszeichnung.

Vor dem Beginn der Hauungen wird dem Förster ein Auszug aus dem genehmigten Hauungsplane vom Oberförster übergeben. Die zu führenden Schläge werden ihm an Ort und Stelle von dem Oberförster überwiesen und nach ihren Grenzen, soweit sich diese nicht schon durch die Lokalität unzweifelhaft darstellen oder aus der bereits erfolgten Auszeichnung sich ergeben, an stehen zu lassenden Bäumen kenntlich und dauerhaft bezeichnet.

Dabei wird dem Förster genaue Anweisung über die Art und Weise der Ausführung der Hauung erteilt, welche er pünktlich zu befolgen hat.

Soweit der Oberförster die weitere Auszeichnung eines Schlages nach einer von ihm bewirkten Probe-Auszeichnung dem Förster überträgt, hat dieser sie mit größter Sorgfalt selbst zu besorgen und darf sie nie dem Holzhauermeister oder den Holzhauern überlassen, noch weniger diese zum Hiebe einlegen, bevor die Auszeichnung gehörig bewirkt ist.

Wo eine spezielle Auszeichnung, wie bei Reiserdurchforstungen oder Schlagholzhieben, nicht tunlich ist, muß der Förster nach der ihm vom Oberförster erteilten Anweisung den Holzhauern genaue örtliche Anleitung geben, was sie überzuhalten resp. was und wie sie zu hauen haben, indem er dafür verantwortlich ist, daß die Holzhauer keine Mißgriffe begehen.

§ 50.
b) Ausführung und Beaufsichtigung der Schläge.

Die Aufsicht über die Schläge hat der Forstschutzbeamte in seinem Bezirke unter Leitung des Oberförsters zu führen. Er muß deshalb die nach Maßgabe der Hau-Ordnung anzunehmenden Holzhauer in jedem Schlage persönlich anlegen und bei eigener Verantwortlichkeit streng darauf halten, daß die

Aufarbeitung und das Setzen des Nutz- und Brennholzes, und überhaupt die Handhabung der Ordnung in den Schlägen genau nach den Vorschriften der Hau-Ordnung und den speziellen Anordnungen des Oberförsters erfolgt. Zu diesem Zwecke muß der Förster täglich so oft und solange in jedem Schlage sich aufhalten, als es notwendig ist, um eine gute Aufarbeitung und namentlich eine sorgfältige Aushaltung des Nutzholzes zu sichern.

Für die Aufarbeitung, Verrechnung usw. des geschlagenen Holzes sind im allgemeinen die nachfolgenden, kurz zusammengefaßten Bestimmungen maßgebend:

Die Rechnungseinheit bildet der Kubikmeter fester Holzmasse, der Festmeter.

Die abkürzende Bezeichnung für den Festmeter ist: fm und für den Raummeter: rm.

Sortimentsbildung in bezug auf die Baumteile: 1. Derbholz, d. i. die oberirdische Holzmasse über 7 cm Durchmesser einschl. der Rinde gemessen, ausschließlich des bei der Fällung am Stocke bleibenden Schaftholzes. — 2. Nicht-Derbholz, d. i. die übrige Holzmasse, welche zerfällt in a) Reisig (oberirdische Holzmasse bis einschließlich 7 cm Durchmesser aufwärts) und b) Stockholz (unterirdische Holzmasse und der bei der Fällung daran bleibende Teil des Schaftes).

Sortimentsbildung in bezug auf den Gebrauchswert. Verfg. betr. Taxklassenbildung.

Die seit mehreren Jahren in einem Teil der Monarchie für Eichen- und Buchen-Langnutzholz in Stämmen und Abschnitten versuchsweise eingeführte Taxklassenbildung nach Wert- und Mittendurchmesserklassen hat sich bewährt und soll vom 1. Oktober 1905 ab allgemein für Laubholz in Stämmen und Abschnitten unter Beachtung nachstehender Gesichtspunkte zur Einführung gelangen.

1. Für Stämme und Abschnitte von Eiche und Buche, sowie der übrigen Harthölzer sind folgende Klassen in Anwendung zu bringen:

A. Ausgesuchte, astfreie oder fast astfreie, mit nur kleinen, den Gebrauchswert nicht beeinträchtigenden Fehlern und Schäden behaftete Stücke.

  I. Klasse 60 cm und mehr Mittendurchmesser,
  II. „ 50 bis 59 cm „
  III. „ 40 „ 49 „ „
  IV. „ 30 „ 39 „ „
  V. „ unter 30 „ „

B. Gewöhnliche, nicht mit erheblichen Fehlern behaftete Stücke.

Klassen wie bei A.

Die mit erheblichen Fehlern behafteten Stücke sind in gleicher Weise wie seither, die Anbruchhölzer innerhalb der einzelnen Klassen der Abteilung B zu behandeln.

2. Für anderes (Weich-)Laubholz sind Stärkeklassen wie zu 1. unter Einreihung in die B-Klasse zu bilden. Es bleibt jedoch dem Ermessen der Königlichen Regierung anheimgegeben, falls ein Bedürfnis hierzu vorliegen sollte, auch Güteklassen wie bei 1. in Vorschlag zu bringen.

Ich bemerke dabei, daß es der Königlichen Regierung überlassen bleiben wird, beim Vorverkauf stehenden Laubholzes die Sonderung nach Güteklassen fortfallen zu lassen und lediglich die Taxsätze der Klasse B in Anwendung zu bringen, um bei der Überweisung der Schläge Meinungsverschiedenheiten und Weiterungen bezüglich der Zuteilung zur A- oder B-Klasse tunlichst zu vermeiden.

3. Die Sortimente und Taxklassen sind in der Holztaxe, welche gleichzeitig auch bezüglich der Nadelholzstämme und -Abschnitte für die gesamte Monarchie einheitlich gestaltet werden soll, in Anlehnung an folgende Reihenfolge einzuordnen.

  I. Bau- und Nutzholz.
   A. Langnutzholz.
1. In Stämmen und Abschnitten.
    α) Laubholz.

a) Wahlhölzer. Ausgesuchte Hölzer zu besonderen Gebrauchszwecken von vorzüglicher Beschaffenheit.

Die Unterteilung in verschiedene Klassen, sowie die Eintragung besonderer Taxsätze fallen fort. In den Text ist aufzunehmen, daß die Taxe nach der Güte und Seltenheit des Holzes, wenigstens aber zu 25% über die Taxe für die A-Klasse des gleichen Mittendurchmessers anzusetzen ist.

b) Sonstige Rundhölzer.

A. Ausgesuchte, astfreie oder fast astfreie nur mit kleinen, den Gebrauchswert nicht beeinträchtigenden Fehlern und Schäden behaftete Stücke.

  I. Klasse 60 cm und mehr Mittendurchmesser,
  II. „ 50 bis 59 cm „
  III. „ 40 „ 49 „ „
  IV. „ 30 „ 39 „ „
  V. „ unter 30 „ „

B. Gewöhnliche, nicht mit erheblichen Fehlern behaftete Stücke.

Klassen wie bei A.

c) Schiffs- und Kahnknie. Falls eine besondere Taxe für dieses Sortiment besteht, verbleibt es bei der seitherigen Klassen-Einteilung nach dem Festgehalt.

Demnächst folgen, insoweit hierfür ein Bedürfnis besteht, die geringwertigeren Nutzhölzer in kürzeren Längen, wie Eisenbahnschwellen, Grubenhölzer, Zaunpfähle usw.

β) Nadelholz.

a) **Wahlhölzer.** Wie bei α (zu a), mit dem Unterschiede, daß die Taxe nach der Güte und Seltenheit des Holzes, wenigstens aber zu 25% über der Taxe für Schneidehölzer des gleichen Festgehaltes anzusetzen ist.

b) **Schneidehölzer**, glatte Abschnitte mit mindestens 25 cm Zopfdurchmesser.

Soweit dieses Sortiment bereits eingeführt ist, oder dessen Einführung für zweckmäßig erachtet wird, hat die Unterteilung in folgende Klassen zu erfolgen:

Sägeblöcke I. Klasse, das Stück über 2 Festmeter,
" II. " " " 1 bis einschl. 2 Festmeter,
" III. " " " bis einschl. 1 Festmeter.

c) **Gewöhnliche Rundhölzer.** Es sind folgende Klassen zu bilden:

Bau- und Nutzholzstämme I. Klasse das Stück über 2 Festmeter
" " " II. " " " von über 1 bis einschl. 2 Festmeter
" " " III. " " " 0,5 " 1 "
" " " IV. " " " bis einschl. 0,5 Festmeter.

Es folgen sodann die weiteren, etwa in Anwendung befindlichen Sortimente (wie Grubenhölzer, Schwellenhölzer, Zaunpfähle, Kahnkniee usw.).

2. In Stangen usw. wie seither. — (s. unten.) —

Im übrigen behält es bei der Messung aller Holzarten mit Rinde sein Bewenden. Insoweit jedoch zur Verhütung von Insektenschäden oder aus anderen Gründen Nadelholzstämme auf fiskalische Rechnung geschält und entrindet zum Verkauf gestellt werden, hat auch die Holzvermessung im entrindeten Zustande zu erfolgen.

Inwieweit mehrere Holzarten unter eine Tarifposition zusammenzufassen sind, bleibt dem Ermessen der Königlichen Regierung überlassen.

Nach den vorstehenden Gesichtspunkten wolle die Königliche Regierung ihre Vorschläge zu einer neuen Holztaxe spätestens bis zum 1. Juni d. J. vorlegen und gegebenenfalls etwaige, bezüglich der getroffenen Anordnungen dort bestehende Bedenken zur Sprache bringen (M. E. vom 28. Februar 1905. III. 2618 in D. F. B. Band XXXVII Seite 32 ff.).

Stangen bis mit 14 cm Durchmesser, auf 1 m vom Stammende ab gemessen.

Zum Derbholz gehören:

Stangen I. Kl. . . über 12—14 cm st. 10—13 m I. Verkaufseinh. St. feste Holzmasse 0,09 fm
" II. " . . " 10—12 " " 8—13 " " " " " 0,06 "
" III. " . . " 7—10 " " 6—11 " " " " " 0,03 "
Starke Buhnenpfähle . . 7—11 " " 1,5—2 " " 100 " " 1,00 "

Zum Reiserholz gehören:

Stangen IV. Kl. . . über 5—7 cm st. 6—11 m I. Verkaufseinh. 100 St. feste Holzmasse 2,00 "
" V. " . . " 4—5 " " 5—8 " " " " " 1,20 "
" VI. " . . bis 4 " " 3—6 " " " " " 0,30 "
Baumpfähle . . 5—6,5 " " 2—3 " " " " " 1,00 "
Geringe Buhnenpfähle . 5—7 " " 1—1,3 " " " " " 0,10 "
Starke Bandstöcke und stärkere Floßwinden } 4—5 " " 3,5—6,5 " " " " " 0,60 "
Mittlere " . . . 2—4 " " 2—3,5 " " " " " 0,25 "
Kleine " 2 " " 1—2 " " " " " 0,10 "
Gehstöcke . . . 2—3 " " 1,2—1,6 " " " " " 0,10 "
Faschinen, d. Bund 1 m i. Umf. oder 32 " " 1,8—2,6 " " " Bund " 2,00 "
Bindeweiden u. Korbruten } " " " " 0,9—1,6 " " " " " 1,50 "
Besenreis . . . " " " 0,9—1,3 " " " " " 1,00 "
Kiefernwurzeln " " " 3—4 " " " " " 5,00 "
Gradierdorn, das Bund . 20 " " 1,9 " " " " " 1,00 "
Weihnachtsbäume 100 Stück . . . . 0,50 "

Schichtnutzholz.

Nutzscheitholz, in Schichtmaßen eingelegtes Holz von über 14 cm Durchmesser am oberen Ende der Rundstücke. Verkaufseinheit rm, feste Holzmasse 0,7 fm. I. u. II. Klasse. I. Kl.: fehlerfreie, glatte, geradspaltige Scheite oder Rollen aus Stücken von mindestens 25 cm Durchmesser.

Nutz-Knüppelholz, in Schichtmaßen eingelegtes Nutzholz von über 7 bis 14 cm Durchmesser am oberen Ende der Rundstücke. Verkaufseinheit rm, feste Holzmasse 0,7 fm.

Nutzrinde.

Verkaufseinheit Zentner oder rm. Die Eichenrinde ist in Alt- und Jungrinde zu trennen. Für die übrigen Holzarten findet eine solche Trennung nicht statt.

Altrinde (Borke): 1 rm = 0,3 fm
1 Zentner = $^2/_9$ rm = $^1/_{15}$ fm

Jungrinde: 1 rm = 0,2 fm
1 Zentner = $^1/_3$ rm = $^1/_{15}$ fm.

Brennholz. (Verkaufseinheit: rm.)

Scheit= oder Klobenholz, ausgespalten aus Rundstücken von über 14 cm Durchmesser am oberen Ende; feste Holzmasse 0,7 fm.

Knüppel= und Astholz von über 7—14 cm Durchmesser am oberen Ende; Masse wie vor.

Reiserholz bis mit 7 cm Durchmesser am unteren Ende.

I. Kl. ohne Zweigspitzen, geputztes Reisig, Reiserknüppel; feste Holzmasse 0,4 fm.

II. Klasse Stammreisig aus Mittel= und Niederwald und Durchforstungen und wertvolleres Astreisig; feste Holzmasse 0,2 fm.

III. Klasse, geringes Stammreisig und gewöhnliches Ast= und Zopfreisig; Masse 0,2 fm.

Stockholz: feste Masse 0,4 fm. I. und II. Klasse; II. Kl. geringes Wurzelholz und altes Stockholz.

Schichten usw. des Schichtnutz= und Brennholzes.

1. Die Holzstöße sind, soweit sie nicht für Handelshölzer größer sein können, nach der Örtlichkeit in der Regel zu 4 oder 3 rm, nach Bedürfnis aber auch zu 2 und 1 rm zu setzen. Bruchteile von rm sind beim Verkaufsholz zu vermeiden. Jeder Holzstoß, mag er mehr als 4, oder nur 4, 3, 2 oder 1 rm enthalten, erhält eine Nummer.

2. Als Normalmaß der Klobenlänge vom Scheit= und Knüppelholz ist 1 m festzuhalten. Die Kloben können jedoch, wo die Absatzverhältnisse es bedingen, oder ein bestimmter Gebrauchszweck eine bestimmte Länge erfordert, länger und kürzer als 1 m gemacht werden, wenn die Klobenlänge nur überhaupt dem Metermaße und der aus demselben zu bewirkenden Berechnung des Raumgehaltes nach Raummetern angepaßt ist.

3. Verschiedene Holzarten sind nicht in einen Stoß zu legen, ist es jedoch unvermeidlich, so ist er nach der Holzart zu benennen, die darin vorherrschend ist.

4. Bezüglich des Taxpreises werden Eschen, Ahorn, Rüstern, Hainbuchen und Obstbaum wie Buchen, Linden, Pappeln, Weiden und andere Weichhölzer wie Aspen, Tannen wie Fichten und Lärchen wie Kiefern gerechnet. Für Eichen, Birken und Erlen werden gesonderte Taxpreise festgesetzt.

(M. E. vom 30. Oktober 1869, 1. Oktober 1875, 11. Juni 1878. II[b]. 9715, 22. Januar 1889. III. 360, Anw. zur Führung des Kontrollbuches vom 20. März 1895 in D. J. B. Band II Seite 175, Band VIII Seite 340, Band X Seite 356, Band XXI Seite 63 und Band XXVII Seite 121 — vgl. auch „Radtke, Handbuch für den Preußischen Förster" 4. Aufl. Neudamm 1908 Seite 152 ff. —).

§ 51.
c) Aufstellung der Hauerlohnzettel.

Über alles von den Holzhauern aufgearbeitete Holz hat der Förster Lohnzettel auf den ihm zugehenden Druckformularen nach der näheren Anweisung des Oberförsters aufzustellen und diesem durch den Holzhauermeister oder Rottenführer zu übersenden.

Der Förster ist für die Richtigkeit der in den Lohnzetteln als aufgearbeitet angegebenen Holzquantitäten und namentlich dafür verantwortlich, daß keinesfalls mehr verlohnt wird, als wirklich bereits aufgearbeitet ist. Der Förster hat die richtige Auszahlung der Löhne seitens des mit der Erhebung des Geldes bei der Kasse beauftragten Holzhauers an die einzelnen Holzhauer zu überwachen und darauf zu achten, daß jener für seine Mühewaltungen keine höhere als die ihm gebührende Vergütung von dem Lohne für sich entnimmt, soweit nicht etwa kontraktlich die Festsetzung und Zahlung der Löhne an die einzelnen Arbeiter lediglich einem Holzhauermeister als Unternehmer zusteht.

Bezüge der Holzhauermeister. . . . . Wo die Holzhauer bisher unter der Bedingung angenommen worden sind, daß ihnen für die Tätigkeit des Holzhauermeisters ein bestimmter, im voraus bekannt zu gebender Lohnabzug gemacht wird, bleibt es bei dem bisherigen Verfahren mit folgenden Einschränkungen:

1. Der Lohnabzug darf höchstens 3% des verdienten Hauer= und Rückerlohns betragen. Wenn das Rücken des Holzes an einen Unternehmer vergeben ist, ist der verdiente Betrag besonders zu verlohnen und vom Unternehmer abzuheben, ohne daß dem Holzhauermeister eine Vergütung zusteht. Der Lohnabzug ist für jeden Schutzbezirk, nach Erfordernis auch für Teile eines Schutzbezirks, vom Oberförster nach Maßgabe der örtlichen Verhältnisse zu veranschlagen und von der Königlichen Regierung festzusetzen. Die Höhe des Lohnabzugs ist den Holzhauern mit dem Hauerlohntarif vor Beginn der Arbeit bekannt zu machen.

Wo ausnahmsweise ein Lohnabzug von 3% nicht ausreicht, um dem Holzhauermeister eine angemessene Vergütung seiner Arbeit zu sichern, wie es z. B. beim Aushalten großer Mengen von Grubenholz in ganzer Stammlänge vorkommen kann, ist der Holzhauermeister nach Maßgabe der aufgewendeten Arbeitszeit aus der Staatskasse zu entlohnen und der Hauerlohntarif entsprechend herabzusetzen.

2. Als Gegenleistung für den genehmigten Lohnabzug sind vom Holzhauermeister nur die folgenden Verrichtungen zu fordern:

Hilfeleistung bei der Bestellung der Arbeiter beim Vermessen und Numerieren des Holzes, bei der Schlagabnahme durch den Oberförster. Ferner Einsammeln der Quittungskarten und Ablieferung an den Förster, sowie Erhebung und Auszahlung der verdienten Löhne. Für die Übersendung der Lohnzettel, Quittungskarten und Nummerbücher an die Oberförsterei wird empfohlen, die Post zu benutzen, ebenso für die Übersendung der angewiesenen Lohnzettel und der Quittungskarten an die Forstkasse, wie für die Rückgabe der Nummerbücher an den Förster. Die Forstkasse übersendet dann den auszuzahlenden Betrag nebst den Quittungskarten an den Holzhauermeister, der nun unter Aufsicht des Försters nach einer von diesem aufzustellenden Lohnliste den Holzhauern die um die genehmigten Haumeisterabzüge verminderten Lohnbeträge auszahlt. Die geringen Kosten, die dem

Holzhauermeister bei diesem Verfahren für Porto und Abtrag entstehen, werden in der Regel gegenüber dem Zeitaufwand, der mit dem meist üblichen Gange des Holzhauermeisters zur Oberförsterei und zur Forstkasse verbunden ist, nicht ins Gewicht fallen. Schließlich ist vom Holzhauermeister zu fordern, daß er in Abwesenheit des Försters für ordnungsmäßige Führung der Schläge und Befolgung der Unfallverhütungsvorschriften Sorge trägt.

Alle anderen Dienstleistungen des Holzhauermeisters, insbesondere Hilfeleistung bei der Schlagauszeichnung, bei der Abgrenzung und Vermessung von Schlägen, bei der Schlagrevision durch den Forstinspektionsbeamten, sofern ausnahmsweise dabei die Hilfe des Holzhauermeisters erforderlich sein sollte, Schneefegen zur Vorbereitung von Holzabnahmen und dergleichen mehr sind im Tagelohn aus der Staatskasse zu verlohnen.

Die Hauordnungen sind entsprechend abzuändern oder zu ergänzen und dann zur Kenntnis der Holzhauer zu bringen. Wenn die Holzhauer die Überzeugung haben, daß bei der Festsetzung des Lohnabzuges für die Holzhauermeister jede Willkür ausgeschlossen ist und daß für diesen Lohnabzug, der bei der Bemessung des Hauerlohntarifs im vollen Umfang berücksichtigt ist, vom Holzhauermeister nur die oben genannten Verrichtungen gefordert werden, können berechtigte Klagen nicht erhoben werden.

Wo früher bereits anstatt nötig gewordener Erhöhungen des Hauerlohntarifs die Gebühren der Holzhauermeister auf die Staatskasse übernommen worden sind, behält es bei diesem Verfahren sein Bewenden.

Auch überlasse ich es dem Ermessen der Königlichen Regierungen, für den Fall, daß in der Zukunft eine Erhöhung des gegenwärtig gültigen Hauerlohntarifs notwendig werden sollte, diese Erhöhung durch Übernahme der Haumeistergebühren auf die Staatskasse zu gewähren.

Bei den sonst vorkommenden Akkordarbeiten, deren Stücklohnsätze stets vor dem Beginn der Arbeit den Arbeitern bekannt zu machen sind, ist dem Vorarbeiter für die Erhebung und Auszahlung des verdienten Lohns 1% des auszuzahlenden Betrages von den Arbeitern abzugeben. Wegen Vergütung sonstiger Hilfsleistungen wird auf den letzten Absatz des § 79 der O. G. A. verwiesen.

Bei den Tagelohnarbeiten kann, wie bisher, dem Vorarbeiter für die in § 79 O. G. A. aufgeführten Hilfeleistungen und für Erhebung und Auszahlung des verdienten Lohns ein Tagelohn bewilligt werden, der den ortsüblichen Mannstagelohn bis zu 30% übersteigt (M. E. vom 11. November 1910. III. 4534 im M. Bl. f. L. usw. VII. Jg. Seite 7).

§ 52.
d) **Vermessung der Bau= und Nutzhölzer.**

Das in Stämmen und Abschnitten auszuhaltende und kubisch zu berechnende Bau= und Nutzholz hat der Förster unter Beihilfe der Holzhauer resp. des Holzhauermeisters nach Länge und mittlerem Durchmesser inkl. Rinde, wenn solche nicht abgeborkt worden, und nicht auf Grund von Berechtigungen ein anderes Verfahren stattfinden muß, aufzumessen. Die Länge ist, abgesehen von starken Klötzen, Mühlwellen und anderen dergleichen starken und wertvollen Stücken, in der Regel so auszuhalten, daß sie mit einem vollen Fünftel=Stab abschließt, und vom Sägeschnitt ab nach Stäben (Metern) und vollen Fünftel=Stäben zu messen. **Eine außer Berechnung bleibende Zugabe in der Länge ist in keinem Falle, auch nicht bei Schneidehölzern statthaft.** (Zum Teil abgeändert. Vgl. Bem. unten.)

Bemerkung: Wegen einer neuerdings beim Langnutzholz zugelassenen etwaigen Längenzugabe sind besondere Bestimmungen ergangen. (S. Bem. unten.)

Der Durchmesser ist auf der örtlich zu bezeichnenden halben Länge des Stammes mit der Kluppe (Schiebemaß) nach Neuzollen (Zentimetern) zu messen. Ein überschießender Bruchteil eines Neuzolles (der angefangene, oder nicht volle letzte Neuzoll) bleibt unberücksichtigt. Bei breit gewachsenen Stämmen ist der Durchmesser kreuzweise zu messen und aus beiden Messungen das Mittel zu nehmen. Befindet sich auf der halben Länge des zu messenden Stücks ein hervorragender Ast oder Wulst, so ist der Durchmesser gleichweit ober= und unterhalb desselben zu messen und aus beiden Messungen das Mittel zu nehmen. Für das Messen von Kniehölzern, Stangen und Gerten gelten die Vorschriften der Holztaxe.

Bei den Rundhölzern ist das Aufmaß auf dem Stammendenschnitte unter der Nummer des Stücks (§ 53) deutlich und dauerhaft dergestalt zu verzeichnen, daß links die Längen= und rechts die Durchmesserzahl geschrieben wird. Reicht der Raum hierzu nicht aus, so kann das Aufmaß auf einer Platte über dem Stammende verzeichnet werden.

Feststellung der Maße usw. beim Langholz. Für das in den sogenannten Submissionsschlägen zur Aufarbeitung gelangende Langnutzholz darf eine Längenzugabe bis zu fünf Zentimetern als Übermaß gewährt werden, wenn die Stämme in einem Stück bis zu der durch den Kaufvertrag festgesetzten Mindest-Zopfstärke ausgehalten und vermessen werden (M. E. v. 12. Dezember 1900. III. 15907. II. Ang. in D. J. B. Band XXXIII Seite 62).

Die Messung des Langnutzholzes hat in allen Fällen vom oberen Rande des Fallkerbes ab zu erfolgen. Anfangs= sowie Endpunkt der Messung sind durch Sägeschnitte deutlich zu bezeichnen. Ferner ist unter Aufrechterhaltung der Bestimmungen des Erlasses vom 12. Dezember 1900. III. 15907. II. Ang. (s. vorigen Abs.) genehmigt, daß auch für das im Wege des öffentlichen Meistgebots usw. zur Verwertung kommende Langnutzholz nach den von der Königlichen Regierung zu treffenden näheren Bestimmungen eine Längenzugabe bis zu fünf Zentimeter als Übermaß gegeben werden darf (M. E. v. 8. Januar 1902. III. 17529 zu 10 in D. J. B. Band XXXIV S. 60 ff.).

Bei nicht zu vermeidendem schiefen Sägeschnitt ist die Längenmessung so vorzunehmen, daß der Stamm, einerlei auf welcher Seite er gemessen wird, das volle Längenmaß besitzt (M. E. vom 28. Dezember 1886. III. 15588 in D. J. B. Band XIX Seite 99).

Grubenholzmessung. Durch den § 52 Absatz 2 der Dienstanweisung für die Königlich Preußischen Förster vom 23. Oktober 1868 ist für die Vermessung des in Stämmen und Abschnitten auszuhaltenden Bau- und Nutzholzes bestimmt, daß die Mittendurchmesser nach Zentimetern zu messen, überschießende Bruchteile eines Zentimeters unberücksichtigt zu lassen sind.

Bei der Aufmessung von Grubenhölzern, deren Inhalt nicht für jedes einzelne Stück, sondern für eine Mehrzahl von Stücken gleicher Länge und verschiedener Zentimeterstufen unter Benutzung der Lehnpfuhlschen Maßtafel für Grubenhölzer aus Länge und Durchmesser am schwächeren Ende berechnet wird, ist dort irrtümlich nach der obigen Bestimmung verfahren, die nur für stückweise zu vermessende und zu berechnende Stämme und Abschnitte gegeben ist. Es ist demgemäß mit den Käufern z. B. eine Stärkeklassenreihe von 11—13, 14—18, 19—24 cm verabredet, und es wurden die Grubenholzstücke, deren Durchmesser am schwächeren Ende zwischen den einzelnen Stärkeklassen lag, der nächsten, niedrigeren Stärkeklasse zugewiesen. Dieses Verfahren ist unrichtig und schädigt den Verkäufer, weil die Lehnpfuhlsche Maßtafel für Grubenhölzer mathematisch scharfe Grenzen der einzelnen Stärkeklassen zur Voraussetzung hat. In dem angeführten Beispiel würden mithin Stärkeklassen von 11—13, über 13—18, über 18—24 cm zu bilden und ein Grubenholzstück von 13,1 cm Durchmesser am schwächeren Ende der Stärkeklasse 13—18 cm zuzuweisen sein.

Hiernach ist in Zukunft auch dann zu verfahren, wenn Grubenholztafeln benutzt werden, deren Stärkeklassen nach dem Mitteldurchmesser gebildet sind. Für die stückweise Berechnung der Grubenhölzer bleibt es dagegen bei den Bestimmungen des § 52 der Försterdienstanweisung. Wenn bei dem Verkauf stückweise berechneter Stammabschnitte als Grubenholz verschiedene Festmeterpreise für verschiedene Stärkeklassen verabredet werden, so ist mithin in diesem Falle von der Stärkeklassenreihe von 11—13, 14—18, 19—24 cm zutreffend (M. E. vom 2. Mai 1910. III. 1961 im M. B. f. L. usw. VI. Jg. Seite 155).

Maßtafeln für Kiefern- und Fichten-Grubenhölzer. Der Königlichen Regierung übersende ich hiermit ... Stück der von dem Forstmeister Lehnpfuhl zu Zinna im Verlage des Holzmarkt, Berlin SW 68, Lindenstr. 3, herausgegebenen Maßtafel für Kiefern- und Fichten-Grubenhölzer. Diese Maßtafel ist vom 1. Oktober 1910 ab innerhalb der Staatsforstverwaltung bei dem Verkauf von Kiefern- und Fichtengrubenhölzern bis zu 5 m Länge der Massenermittlung zugrunde zu legen (M. E. vom 13. September 1910. III. 9388. I im M. B. f. L. usw. VI. Jg. Seite 278).

Hauschärfen, hauptsächlich bei Buchen, sind zur Verhütung des durch die Splitter fördernden Stockens auf Kosten der Forstverwaltung sofort beim Fällen abzuschneiden (M. E. vom 29. Januar 1900. III. 1154 in D. J. B. Band XXXII S. 134/35).

§ 53.

e) Numerierung des Holzes.

Ist der ganze Schlag oder ein vom Oberförster zur Abnahme bestimmter Teil desselben beendigt, so muß der Förster unter Beihilfe des Holzhauermeisters, oder in dessen Ermangelung eines anderen geeigneten Holzhauers alles eingeschlagene Holz deutlich und dauerhaft numerieren.

Die Nummer ist bei Bau- und Nutzholzstämmen auf dem Schnitte am Stammende, bei Kloben-, Knüppel- und Stückholzklaftern auf ein in der Mitte der Vorderseite der Klafter um 10 Neuzoll (Zentimeter) vorzuschiebendes Klafterstück, bei Reiserholz oder Nutzholzstangenhaufen auf die rechte Seitenstütze oder auf einen in oder neben dem Haufen anzubringenden Pfahl aufzuschreiben. Wie im übrigen bei der Numerierung zu verfahren ist, darüber wird von der Regierung den Lokalverhältnissen entsprechend spezielle Vorschrift erteilt, welche der Förster genau zu befolgen hat.

Die Holznummer und das Aufmaß ist in deutlich lesbarer und dauerhafter Weise anzubringen. Eine Numerierung lediglich mit Bleistift oder Kreide kann keinesfalls als ausreichend bezeichnet werden. ... Erforderlichenfalls ist eine Unterscheidung der aus verschiedenen Schutzbezirken stammenden Hölzer in der Numerierung herbeizuführen, eventl. in der Weise, daß die in Frage kommenden Hölzer entsprechend den Schutzbezirken, aus welchen sie stammen, mit einem neben der Holznummer anzubringenden Buchstaben versehen werden, oder daß die Numerierung in den bezüglichen Schutzbezirken in verschiedenen Farben, gegebenenfalls auch in verschiedenen Zahlenreihen erfolgt (M. E. vom 14. Oktober 1903. III. 12718 in D. J. B. Band XXXVI Seite 18).

Die Königlichen Regierungen sind ermächtigt, zum Numerieren des Holzes in den Schlägen Numerierschlägel und -Räder und dergleichen Werkzeuge, wie sie bereits vielfach in Gebrauch sind, künftig als Dienstinventarienstücke selbständig anzuschaffen und die Ausgaben dafür bei Kap. 2 Tit. 31 des Etats der Forstverwaltung zu verrechnen. Ankauf unnötig kostspieliger Werkzeuge hat zu unterbleiben und die Anschaffung nur nach sorgfältiger Prüfung des Bedürfnisses zu erfolgen. Die Göhlerschen Numerierschlägel und das Reißsche Numerierrad haben sich schon vielfach in der Praxis bewährt (M. E. vom 28. März 1907. III. 3212 in M. f. L. usw. III. Jahrg. Seite 144).

§ 54.

f) Einrichtung des Nummer- und Anweisebuchs.

Das numerierte Holz trägt der Förster, vor der Abnahme desselben durch den Oberförster, in das von ihm zu führende Nummerbuch ein, welches demnächst zugleich als Anweisebuch dient. Die Formulare dazu erhält er vom Oberförster. Jeder mit einer besonderen Nummer versehene Holzposten,

— 31 —

mithin jeder Bau- und Nutzholzstamm, jeder Nutzholz-Sortiments-Haufen und jeder selbständig aufgesetzte Klafterstoß ist im Nummerbuche einzeln auf einer besonderen Linie der Nummerfolge nach einzutragen.

Aufstellung der Abzählungstabellen. M. E. vom 8. November 1902. III. 13783 in D. J. B. Band XXXV Seite 15: „Zur Ersparung entbehrlichen Schreibwerks will ich genehmigen, daß künftig von den in § 18 der Geschäftsanweisung für die Oberförster vom 4. Juni 1870 vorgeschriebenen Abzählungstabellen abgesehen wird, soweit es sich um Vorverkauf ganzer Schläge handelt. An Stelle der Abzählungstabelle tritt in solchen Fällen das Nummerbuch des Försters. Solange dieses etwa auf der Oberförsterei entbehrlich ist, hat der Förster die notwendigen Eintragungen in der von ihm mit Sorgfalt zu führenden sogenannten „Kladde" zu machen. Es ist darauf zu halten, daß das Nummerbuch sobald als möglich dem Belaufsbeamten zurückgegeben wird. Die Rechnungs-Bescheinigungen der Inspektionsbeamten sind im Bedarfsfall sinngemäß zu ändern."

Die in vorstehender Verfügung ausgesprochene Ermächtigung hat der Herr Minister durch Erl. vom 11. Dezember 1902. III. 15019 (in D. J. B. Band XXXV Seite 73) auch auf Schläge ausgedehnt, in denen nur ein oder mehrere Sortimente bezw. Taxklassen ganz oder größtenteils vor dem Einschlag verkauft sind.

In diesen Fällen ist das vor dem Einschlag verkaufte Holz sortiments- bezw. taxklassenweise summarisch in die für das übrige Holz zu fertigende Abzählungstabelle zu übernehmen.

§ 55.
g) Abnahme des Schlages durch den Oberförster.

Unter Zugrundelegung des von dem Forstschutzbeamten aufgestellten Nummerbuches zählt der Oberförster in Gegenwart des Försters und in der Regel auch des Holzhauermeisters oder eines anderen Holzhauers den Schlag ab und läßt als Zeichen der erfolgten Abnahme jeden einzelnen Holzposten neben der Holznummer, soweit es irgend tunlich ist, mit dem Revierhammer anschlagen*).

Ist das Nummerbuch bei der Abnahme des Schlages richtig befunden, resp. nach dem Befunde im Schlage berichtigt worden, so wird der Abschluß in den Summenzahlen für die einzelnen Holzgattungen festgestellt mit dem Bemerken:

„Abgenommen den . . . ten . . . . 19 . . ."

vom Oberförster und Förster unterschriftlich vollzogen.

Sind Korrekturen in den Schlußzahlen, nachdem dieselben mit Tinte geschrieben, unvermeidlich, so ist in dem Abnahme-Vermerke die Stück-, Schock- und Klafterzahl in Worten auszudrücken.

Die über jede Abzählung auf Grund des geprüften und festgestellten Nummerbuches aufzustellende Abzählungstabelle des Oberförsters hat der Förster gleichfalls durch seine Namensunterschrift als richtig anzuerkennen.

Die bis zur Abnahme des Schlages ausgesetzte letzte Verlohnung der Holzschläger hat der Förster nunmehr durch Aufstellung des Schlußhauerlohnzettels zu veranlassen.

Wegen der Anwesenheit in den Holzverkaufsterminen und der dabei von ihm zu besorgenden Geschäfte, namentlich des Aufrufens der Gebote, wird der Förster vom Oberförster mit Anweisung versehen.

*) Die Vorschrift ist durch folgende Anordnung erweitert worden: „Die den Oberförstern auferlegte Verpflichtung, bei Abnahme der Schläge jeden einzelnen Posten nachzuzählen, soweit erforderlich, auch nachzumessen, mit dem Nummerbuch zu vergleichen und mit dem Waldhammer anschlagen zu lassen, hat sich zuweilen, namentlich bei großen Waldbeschädigungen durch Insekten oder Naturereignisse, als unerfüllbar erwiesen. Die Königlichen Regierungen werden daher ermächtigt, in geeigneten Fällen angemessene Erleichterungen anzuordnen. Es ist jedoch erforderlich, daß auch im Falle der Gewährung von Erleichterungen probeweise Nachzählungen und Nachmessungen bei jeder einzelnen Ordnungsnummer des Hauungsplanes stattfinden und daß die Nummern der wirklich abgenommenen Holzposten im Nummerbuch des Försters durch Unterstreichen kenntlich gemacht werden. Es muß dem pflichtmäßigen Ermessen des Oberförsters überlassen bleiben, der stichprobenweisen Nachzählung und Nachmessung eine solche Ausdehnung zu geben, daß die Richtigkeit der Schlagaufnahme verbürgt erscheint. Mit Vollziehung des Abnahmevermerks unter dem vorschriftsmäßig abgeschlossenen Nummerbuch übernimmt der Oberförster die volle Verantwortlichkeit für die Richtigkeit der Schlagaufnahme." (M. E. vom 21. Oktober 1909. III. 12212 im M. B. f. L. usw. V. Jg. Seite 344.)

§ 56.
h) Holzabgabe.

Vor Beendigung der Hauungen in einem Schlage und Abzählung des gesamten angeschlagenen Materials durch den Oberförster darf aus demselben kein Holz abgegeben werden.

Sollten die Verhältnisse vor vollständiger Beendigung des Schlages eine Holzabgabe aus demselben dennoch ausnahmsweise unumgänglich notwendig machen, so muß das in demselben aufgearbeitete Holz zuvor durch den Oberförster vollständig abgezählt, der Hieb aber, so lange die Abfuhr dauert, durchaus eingestellt werden. Von der Bestimmung, daß Hieb und Abfuhr niemals zu gleicher Zeit in ein und demselben Schlage stattfinden dürfen, ist nur dann eine Ausnahme zulässig, wenn bei größeren Schlägen, deren Flächenausdehnung es zuläßt, die Holzhauer, nachdem ein Teil des Schlages aufgearbeitet ist, in einem anderen, durch den stehenden Ort, oder sonst gänzlich von ersterem getrennten Teile anderweitig angelegt werden, oder wenn die besonderen Absatzverhältnisse eines Reviers eine Abweichung unabweisbar machen, zu deren Gestattung der Förster vom Oberförster schriftlich ermächtigt wird. Auch in diesem Falle darf aber vor vollständiger Beendigung und Abnahme des Schlages Einschlag und Abfuhr desselben Sortiments zu gleicher Zeit nicht gestattet werden*).

Ebenso müssen die Schläge, wo Berechtigte auf Raff= und Leseholz, Abraum usw. oder Heidemieter vorhanden sind, für diese bis zur völligen Beendigung des Einschlages geschlossen bleiben.

*) Ob unter Wahrung der Vorschriften im § 56 aus einem fertig gestellten Teile eines Schlages eine Überweisung und Abfuhr des Holzes als zulässig erachtet werden kann, bevor der übrige Teil des Schlages aufgearbeitet und abgenommen ist, wird der Oberförster in jedem Falle pflichtgemäß zu erwägen und zu vertreten haben (M. E. vom 22. Dezember 1894. III. 16467 D. J. B. Band XXVII Seite 10).

Tierschutz bei der Holzabfuhr. Die Forstschutzbeamten sind verpflichtet, in geeigneter Weise und gegebenenfalls mit Nachdruck dafür Sorge zu tragen, daß Tierquälereien im Bereich der Staatsforstverwaltung — Überanstrengung und Mißhandlung der Pferde bei der Holzabfuhr — tunlichst vermieden werden und Klagen darüber sich nicht wiederholen (aus dem M. E. vom 30. Januar 1910. III. 647 im M. B. f. L. usw. VI. Jg. Seite 83).

§ 57.
i) Holzverabfolgezettel.

Zu jeder Holzabgabe erhält der Förster durch den Holzempfänger auf gedrucktem Formulare einen Holzverabfolgezettel, welcher mit einer Ordnungsnummer versehen ist und die genaue Bezeichnung des Wirtschaftsjahres, des Schutzbezirks, des Jagens, Distrikts oder Schlages, ferner des Holzempfängers, der Holznummer sowie der Qualität und Quantität der zu verabfolgenden Hölzer und endlich der dafür zu leistenden Geldzahlung enthält und bis auf die nachstehend gestatteten Ausnahmefälle stets mit der Quittung des Forstkassenrendanten resp. des Forstgelderhebers über den Empfang jener Geldzahlung sowie in der Regel auch mit der Unterschrift des Oberförsters oder Revierförsters versehen sein muß.

(Die Unterschrift des Oberförsters oder Revierförsters darf ohne Beeinträchtigung der Gültigkeit des Zettels für den Forstschutzbeamten nur fehlen auf Verabfolgezetteln über Holz, welches im Wege der Lizitation verkauft ist, sofern die Regierung die Anordnung getroffen hat, daß der Oberförster die Zettel über Lizitationshölzer nicht mit zu vollziehen braucht)**).

Die Quittung des Forstgelderhebers darf ohne Beeinträchtigung der Gültigkeit des Zettels für den Forstschutzbeamten nur fehlen, wenn für das Holz gar keine Zahlung zu leisten ist und der Oberförster dies auf dem Zettel ausdrücklich bescheinigt hat, oder wenn vom Rendanten oder dem Oberförster auf dem Zettel bescheinigt worden, daß mit Genehmigung der Regierung die Verabfolgung des Holzes vor erfolgter Bezahlung zulässig ist. Holzverabfolgezettel, auf denen Zahlen durchstrichen oder Rasuren vorgenommen sind, sind ungültig und dürfen nicht angenommen werden.

Der Förster hat jeden Holzverabfolgezettel rücksichtlich seiner Gültigkeit zu prüfen, sowie auch rücksichtlich der Richtigkeit der darauf verzeichneten Holznummern, Quantitäten, Sortimente und Geldbeträge mit den von ihm in der Lizitation gemachten Notizen oder sonst ihm zugegangenen Mitteilungen über die Holzempfänger zu vergleichen, um, wenn bei der Zettelausstellung ein Versehen untergelaufen sein sollte, dessen Berichtigung durch Anzeige an den Oberförster rechtzeitig herbeizuführen.

Verabfolgung von Holz vor Bezahlung der vollen Kaufsumme. Holzkredite. ... Der Königlichen Regierung bleibt ferner überlassen, für diejenigen Käufer von Holz im Werte von 500 M. und darüber, welche nicht die volle Kaufsumme hinterlegt, wohl aber binnen einer Frist von 14 Tagen nach Abschluß des Kaufgeschäfts, bei Vorverkäufen nach erfolgter Überweisung, eine nach dem Ermessen der Königlichen Regierung als ausreichend erachtete Anzahlung, sei es in bar oder in Wertpapieren, Sparkassenbüchern oder Wechseln, geleistet haben, den Zahlungstermin für den Rest der Schuld bezw. die gesamte Kaufsumme längstens bis zum 1. März [s. Bem. †)] des betreffenden Rechnungsjahres, und zwar gleichfalls ohne Berechnung von Verzugszinsen, hinauszuschieben. In diesem Falle darf aber bis zur Berichtigung des vollen Kaufpreises nur dasjenige Holz abgefahren werden, für welches die Einlösung der Verabfolgezettel durch Barzahlung [s. Bem. ††)] an die Forstkasse — außer der Anzahlung oder der sie vertretenden Sicherheit — erfolgt ist. Die Anrechnung der baren Anzahlung geschieht, sobald der volle Kaufpreis durch sie gedeckt ist. — Selbstverständlich wird es bei der Kreditierung von Kaufgeldern lediglich auf Grund von Anzahlungen nach wie vor Pflicht der Regierung bleiben, die Höhe der Anzahlungen so zu bemessen und die Zahlungstermine derart festzusetzen, daß im Hinblick auf die durch längeres Lagern im Walde eintretende Wertminderung des Holzes Ausfälle für die Forstverwaltung nicht zu befürchten sind ... (M. E. vom 6. April 1905. III. 3346 Abs. 5 in M. B. f. L. usw. I. Jg. Seite 143) [s. Bem. †††)].

**) Der Absatz 2 des § 57 hat jetzt keine Gültigkeit mehr, da sämtliche Holzverabfolgezettel vom Oberförster mit vollzogen werden müssen. Vgl. Rd.=Erl. vom 17. März 1883 III 2314 (D. J. B. Band XV Seite 96).

†) Jetzt bis zum 3. März (M. E. vom 12. Januar 1911. III. 14075 im M. B. f. L. usw. VII. Jg. Seite 68).

††) Statt der Barzahlung kann die Regierung die Stellung einer ausreichenden Sicherheit in Wertpapieren usw. zulassen und ihrerseits darüber Bestimmung treffen, ob und von welchem Mindestbetrage ab eine Sicherheitsleistung statt Barzahlung Platz greifen darf (M. E. vom 23. März 1906. III. 3094 im M. B. f. L. usw. II. Jg. Seite 145).

†††) ... Gleichzeitig ermächtige ich die Königliche Regierung unter Bezugnahme auf Abs. 5 der Verf. vom 6. April 1905. III. 3346 (s. v.) in denjenigen Fällen, in denen Holzkäufer, die auf Grund geleisteter Anzahlung Kredit erhalten haben, die Holzverabfolgezettel durch ratenweise Bezahlung der Schuld einlösen, darüber zu befinden, ob und in welchem Umfange ein Teil der Anzahlung entsprechend der durch die teilweise Bezahlung des Holzes verringerten Gefahr für den Forstfiskus vor Deckung des vollen Kaufpreises auf diesen in Anrechnung gebracht werden kann (M. E. vom 22. August 1907. III. 9012 im M. B. f. L. usw. III. Jg. Seite 336).

§ 58.
k) Holzanweisung.

Die Holzanweisung an die Empfänger hat ausschließlich der Förster zu besorgen. Er darf nur gegen Empfangnahme des vorschriftsmäßig ausgestellten Zettels (§ 57) und bei Abgaben an Berechtigte, auch der Quittung der Empfänger über den Empfang des Materials, Holz verabfolgen und dessen Abfuhr gestatten. Eine Ausnahme ist nur auf Grund schriftlicher Anweisung des Oberförsters, welche zur Begründung der Abweichung sorgfältig aufzubewahren ist, zulässig; der Förster hat aber in solchem Falle auf baldmöglichste Herbeischaffung des vorschriftsmäßigen Abfolgezettels zu halten.

Verliert ein Holzempfänger seinen Holzverabfolgezettel, so darf ihm das Holz nur gegen Beibringung eines vom Rendanten auszustellenden Duplikats, auf welchem ausdrücklich zu vermerken ist, daß dadurch das Unikat außer Kraft gesetzt wird, verabfolgt werden. Zur Holzanweisung werden in der Regel bestimmte Anweisetage vom Oberförster festgesetzt werden.

Als Zeichen der geschehenen Überweisung bleibt es dem Förster überlassen, die überwiesenen Holzposten an geeigneter Stelle mit seinem Namenszuge in farbiger Kreide oder auf andere Weise zu bezeichnen.

Die Führung sogenannter Anweise-Hämmer seitens der Forstschutzbeamten ist dagegen ohne spezielle Genehmigung der Regierung untersagt.

§ 59.
l) Verausgabung im Anweisebuche.

Nach erfolgter Überweisung des Holzes oder, wenn solche für in der Lizitation verkaufte Hölzer nicht erforderlich ist, nach Empfangnahme des Holzverabfolgezettels sind sofort die betreffenden Nummern im Anweisebuche zu durchstreichen, und ist bei denselben die Nummer des Holzverabfolgezettels, der Name und Wohnort des Empfängers, soweit solches nicht bereits bei der Lizitation notiert ist, und der Tag der Anweisung einzutragen.

Der Förster ist aber verpflichtet, auch das verkaufte und überwiesene Holz, so lange es noch im Walde sich befindet, vor Entwendung zu schützen.

Durch häufige Revision der eingeschlagenen Hölzer nach seinem Nummer- und Anweisebuche hat der Förster sich davon zu überzeugen, ob die Hölzer, welche danach vorhanden sein sollen, auch richtig vorhanden sind. Findet er, daß Holz fehlt, über welches der Verabfolgezettel ihm noch nicht behändigt ist, so hat er davon dem Oberförster sofort Anzeige zu machen, inzwischen aber mit Umsicht zu ermitteln, wohin das Holz gebracht ist, und eventl. dasselbe so lange mit Beschlag zu belegen, bis weitere Entscheidung des Oberförsters erfolgt.

§ 60.
m) Aufbewahrung und Ablieferung der Holzverabfolgezettel.

Die eingegangenen Holzverabfolgezettel und Abgabe-Anweisungen hat der Förster als Belege zu seinem Nummer- und Anweisebuche, gehörig geordnet, sorgfältig aufzubewahren, um sich durch dieselben jederzeit bei Revisionen der Schläge über die abgegebenen Hölzer gegen jeden seiner Vorgesetzten ausweisen zu können. Es muß entweder der Holzverabfolgezettel oder die Abgabe-Anweisung in den Händen des Försters oder das Holz noch im Walde vorhanden sein. Für etwa fehlendes Holz hat der Förster Ersatz zu leisten, resp. Strafe zu gewärtigen, wenn das Fehlen von ihm nicht rechtzeitig entdeckt und dem revidierenden Vorgesetzten bereits vor der Revision angezeigt worden ist, oder wenn ihn in Beziehung auf die Entwendung der Vorwurf einer Vernachlässigung des gehörigen Forstschutzes trifft. Die Holz=

verabfolgezettel und Abgabe=Anweisungen darf der Förster nur dem Forstmeister **(jetzt Regierungs= und Forstrat)** oder Oberforstmeister aushändigen oder versiegelt übersenden, muß sie aber auch dem Oberförster auf Erfordern jederzeit zur Einsicht vorzeigen. Am Jahresschlusse hat der Förster seine sämtlichen Nummer= und Anweisebücher nebst den gehörig geordneten Abfolgezetteln in ein Paket zusammenzupacken und dieses, mit seinem Privatsiegel verschlossen, dem Oberförster zur Einsendung an den Forstmeister **(jetzt Regierungs= und Forstrat)** zu übergeben. Für jeden durch seine Schuld verloren gegangenen Holzverabfolgezettel hat der Forstschutzbeamte eine Ordnungsstrafe von 5 Sgr. (50 Pf.) zu gewärtigen.

§ 61.
n) Holzabgabe von nicht aufgearbeitetem Material.

Sollte ausnahmsweise der Verkauf oder die Abgabe von Holz auf dem Stamme genehmigt werden, so ist das Material vom Oberförster in Gemeinschaft mit dem Förster vorher speziell einzuschätzen, worüber ein von beiden Beamten zu vollziehendes Einschätzungsregister aufgestellt wird. Das Ergebnis der Einschätzung hat der Förster, gleich dem eingeschlagenen Material, in sein Nummer= und Anweisebuch einzutragen. Ueber das Verfahren beim Einschlage und der Abfuhr wird für solche Fälle besondere Anweisung erteilt werden. Wenn Stockholz zum Selbstroden verkauft wird, treten die Empfänger resp. Roder rücksichtlich ihrer Kontrolle durch den Förster über die Aufarbeitung ganz in die Stelle der Holzhauer, und es muß das durch sie gehörig aufzusetzende Material, wie alles übrige Holz numeriert, in das Nummerbuch eingetragen und vom Oberförster abgenommen werden, auch die Überweisung an die Empfänger zur Abfuhr nur gegen Empfangnahme des Holzverabfolgezettels geschehen.

Einzelne unbedeutende Bruch= oder Frevelhölzer usw., welche ihrer Geringfügigkeit halber nicht aufzuarbeiten sind, deren schleunige Verwertung aber, um der Entwendung vorzubeugen, notwendig ist, oder geringes zum Selbstroden überlassenes Wurzelholz sind auf Grund genauer Messung und Schätzung in das Nummerbuch einzutragen, und nach der darüber vom Oberförster zu erbittenden schriftlichen Anweisung dem von demselben bestimmten Empfänger, welcher zur baldigsten Beibringung des Holzverabfolgezettels anzuhalten ist, zu überweisen.

§ 62.
6. Abgabe von Waldnebenprodukten.
a) Im allgemeinen.

Gras, Waldstreu, Pflänzlinge, Lehm, Sand, Steine, Torf und andere Waldprodukte, welche nach einem bestimmten Maße im Wege des Meistgebots oder aus freier Hand verkauft werden, darf der Förster nur gegen Ablieferung der vom Oberförster ausgestellten und vom Forstkassen=Rendanten, resp. dem Forstgelderheber quittierten Verabfolgezettel überweisen resp. deren Entnahme gestatten.

Sofern die Empfänger für dergleichen Nutzung zugleich Waldarbeit zu leisten haben, wird dem Förster dieserhalb die spezielle Anweisung durch den Oberförster erteilt.

Die Abgaben von dergleichen Waldprodukten hat der Förster in ein dazu anzulegendes Anweisebuch für Waldnebenprodukte in chronologischer Reihenfolge einzutragen.

Die dazu gehörigen Zettel sind sorgfältig zu sammeln, nach ihrer Nummerfolge zu ordnen und am Jahresschlusse gleichzeitig mit den Holzverabfolgezetteln dem Forstmeister **(jetzt Regierungs= und Forstrat)** zur Revision der Rechnungsbelege zuzustellen.

§ 63.
b) Heidemiete usw.

Das Einsammeln von Raff= und Leseholz, beziehungsweise von Abraum, Lagerholz usw. darf der Förster den Einmietern nur gegen Vorzeigung des vom Oberförster, und wenn die Nutzung nicht unentgeltlich überlassen ist, auch vom Forstgelderheber vollzogenen Legitimationsscheins, resp. Heidemietezettels unter genauer Beachtung der ihm vom Oberförster bekannt zu machenden forstpolizeilichen Beschränkungen gestatten.

Dasselbe gilt, wenn andere Waldnebenprodukte, z. B. Streu, Heide, Gras, Waldfrüchte usw. in ähnlicher Weise durch Ausgabe von Erlaubnisscheinen zur Gewinnung derselben verwendet werden.

über die Vorschriften, welche für die zu Raff= und Leseholz und zu sonstigen Holz=, Streu=, Gras= usw. Nutzungen Berechtigten rücksichtlich der Ausübung ihrer Berechtigung bestehen, hat der Förster sich genau zu unterrichten und gehörig darüber zu wachen, daß jenen Vorschriften nicht zuwider gehandelt wird und daß unberechtigte Personen sich nicht dergleichen Nutzungen anmaßen.

§ 64.
c) Waldweide.

Der Eintrieb des berechtigten wie des eingemieteten Weideviehes wird von dem Förster auf Grund des ihm vom Oberförster alljährlich im Frühjahre zuzustellenden und im Laufe des Jahres nach den etwa eintretenden Änderungen zu berichtigenden Weidebuchs und der für die Hirten etwa ausgefertigten Weidescheine kontrolliert. In dem Weidebuche sind sowohl die Weideeinmieter und Pächter, einschließlich der etwa zur Waldweidenutzung verstatteten Forstbeamten, mit der eingemieteten Viehgattung und Anzahl, als auch die Weideberechtigten, mit der Angabe, ob und mit welchen Viehgattungen sie die Weide aus= üben dürfen, ob und auf welche Viehzahl sie fixiert sind, und welche außergewöhnliche Beschränkungen in der Zeit oder in sonstiger Beziehung für die Weidenutzung etwa stattfinden, zu verzeichnen. Sämtliche Viehherden der fixierten und unbestimmten Berechtigten sind von dem Förster zu verschiedenen Malen während der Weidezeit nachzuzählen und die Resultate der Zählung unter Angabe des Datums in das Weidebuch einzutragen und unterschriftlich zu vollziehen, um danach kontrollieren zu können, ob und wieviel Vieh von den Berechtigten wirklich eingetrieben wird. Dasselbe gilt von dem Vieh der Weide= mieter. Das Weidebuch ist am Jahresschluß dem Forstmeister (jetzt **Regierungs= und Forstrat**) gleich= falls zur Kontrollierung der Jahresrechnung einzureichen.

§ 65.
7. Ausübung der Jagd. Schießbuch.

Für die administrierten Jagden hat der Förster den Abschuß nur insoweit er ihm vom Oberförster übertragen wird und nach dessen spezieller Anweisung auszuüben. Er hat ein Schießbuch zu führen, in welches er alles in seinem Schutzbezirke, sei es von ihm selbst oder einem Andern erlegte, zur administrierten Jagd gehörende Wild, und auch das Fallwild nach Gattung, Geschlecht und Stärke, unter Angabe des Datums und Ortes der Erlegung unverzüglich einzutragen hat. Für zur hohen und Mittel=Jagd gehörendes Wild ist auch der Name des Erlegers zu verzeichnen. Zu diesem Behufe wird ihm der Oberförster, wenn der Förster bei der Erlegung oder Auffindung nicht zugegen gewesen ist, jedesmal spätestens innerhalb 6 Tagen die nötigen Notizen zustellen.

Dem Förster gebührt für alles auf seinem Schutzbezirke erlegte Wild, welches zu der für Rechnung der Forstkasse administrierten Jagd gehört, das taxmäßige Schießgeld, und zwar, soweit für einzelne Reviere wegen der Verteilung desselben unter die Schutzbeamten nicht anderweitige Bestimmungen seitens des Ministeriums angeordnet sind oder werden, dergestalt, daß er für alles von ihm selbst oder vom Oberförster oder etwa einer dritten nicht zum Forstschutzpersonale der Oberförsterei ge= hörigen Person erlegte Wild den vollen taxmäßigen Betrag, dagegen für alles von einem andern Forst= schutzbeamten der Oberförsterei, oder von dem etwa vom Oberförster besonders für den Abschuß gehaltenen gelernten Jäger auf seinem Schutzbezirke erlegte Wild nur die Hälfte des taxmäßigen Schießgeldes, der Erleger aber die andere Hälfte desselben vom Oberförster zu erhalten hat. Soweit ausnahmsweise die Administration auch auf die niedere Jagd sich erstreckt, ist für kleines Wild, welches auf vom Ober= förster mit eigener Aufwendung von Treiberlöhnen veranstalteten Treibjagen erlegt wird, nur die Hälfte des Schußgeldes, und zwar an den Förster des betreffenden Schutzbezirks vom Oberförster zu zahlen.

Das Schießbuch ist am Jahresschlusse dem Forstmeister (jetzt **Regierungs= und Forstrat**) behufs Prüfung der Abschuß=Nachweisung einzureichen.

Der Förster ist verbunden, den Oberförster bei Ausübung der Jagd in seinem Schutzbezirke, auch wenn sie an den Oberförster verpachtet ist, nach dessen spezieller Anweisung zu unterstützen und zur Erhaltung und Verbesserung der Wildbahn nach Kräften mitzuwirken.

Bemerkung: Es gehört zu den Dienstpflichten der Förster, bei dem Betriebe der admini= strierten Jagd auch außerhalb des ihnen speziell überwiesenen Schutzbezirkes in anderen benachbarten Schutzbezirken derselben Oberförsterei auf Anordnung und nach Anweisung ihres Vorgesetzten Hilfe zu leisten. (M. E. vom 27. Oktober 1874. II. 17951 in D. J. B. Band VII Seite 148.)

Außer der Verhinderung der Jagdfrevel hat er daher, wenn es nötig, das Austreten und das Abschießen des Wildes an fremden Grenzen durch häufige Patrouillen auf den gefährdeten Strecken zu verhindern, die Vertilgung des Raubzeuges sich angelegen sein zu lassen, die angeordneten Spurgänge auszuführen, die Wildfütterungen nach Anweisung des Oberförsters zu besorgen und bei Herstellung der Salzlecken behilflich zu sein. Auch für die verpachteten Jagden steht dem Forstschutzbeamten die Ausübung der Jagdpolizei zu, und er ist auch hier zur Verhinderung der Jagdfrevel verpflichtet.

Auf den administrierten oder dem Oberförster verpachteten Jagdrevieren soll es dem Förster, wenn ihm die Führung der Schußwaffen oder die Ausführung der Jagd nicht etwa überhaupt untersagt ist, für seinen Schutzbezirk und unbeschadet der gleichen Befugnis des Oberförsters und anderer Forstbeamten, gestattet sein, Füchse, Marder, Fischottern und sonstiges kleines Raubzeug, sowie Dachse, Kaninchen, Wasserhühner, Gänse, Enten, Wachteln, Schnepfen, Bekassinen und kleine Brachvögel zu erlegen und nach Eintragung in sein Schießbuch, ohne dafür etwas zu zahlen, in seinem Nutzen zu verwenden.

Diese Befugnis des Försters unterliegt jedoch folgenden Einschränkungen:
1. Über alles vorstehend bezeichnete Wild, welches auf vom Oberförster veranstalteten Treibjagen erlegt wird, steht die Disposition dem Oberförster allein zu. Der Förster darf Treibjagen nur mit spezieller schriftlicher Genehmigung des Oberförsters anstellen.
2. Füchse darf der Förster, soweit nicht deren Schonung zeitweise angeordnet wird und dann das Schießen, Graben und Fangen derselben ganz unterbleiben muß, zu jeder Zeit schießen und fangen und mit Erlaubnis des Oberförsters auch graben.
3. Dachse darf der Förster so lange nicht fangen oder erlegen, als es ihm vom Oberförster etwa untersagt wird. Das Dachsgraben ist nur mit jedesmaliger spezieller Genehmigung des Oberförsters zulässig. Das nächtliche Hetzen des Dachses und das Schießen auf dem Anstande am Bau ist gänzlich untersagt.
4. Enten, Gänse und Waldschnepfen usw. darf der Förster nur auf dem Zuge, Einfalle, Striche schießen. Die Suchjagd ist ihm nur mit spezieller Genehmigung des Oberförsters an den von diesem dazu bezeichneten Orten gestattet.
5. Der Drosselfang ist nur in der hierzu frei gegebenen Zeit und an den vom Oberförster zur Anlegung eines Dohnenstrichs gestatteten Orten zulässig, kann aber von der Regierung auch ganz untersagt werden. Soweit durch gesetzliche Bestimmung oder polizeiliche Verordnung der Fang der Kramtsvögel verboten ist, haben sich selbstverständlich auch die Forstbeamten hiernach zu richten. Vogelherde dürfen nicht gestellt werden.

Bemerkung: Das Fangen von Vögeln mittels Schlingen ist durch das Reichsvogelschutzgesetz vom 30. Mai 1908 § 2 (R.G.B. S. 317 ff.) verboten.

6. Der Oberförster ist befugt, für einzelne Revierteile, in denen die Jagd ihm verpachtet ist oder administriert wird, zeitweise das Schießen ganz zu untersagen. Für alle übrigen verpachteten Jagden entscheiden seine Vorgesetzten darüber, welche Befugnisse dem Förster in betreff der Jagdausübung nach Maßgabe des Pachtkontraktes zugestanden werden können.

In keinem Falle darf der Förster zu irgend einer Art Jagd andere Teilnehmer ohne Erlaubnis des Oberförsters zuziehen.

Die Befugnisse der Forstbeamten zur Nutzung des Raubzeuges und der kleinen Wildarten bei Verpachtung fiskalischer Jagden sind durch die in den allgemeinen Jagdverpachtungs-Bedingungen enthaltenen Vorschriften geregelt; letztere haben folgenden Wortlaut:

§ 1.

Der Revierverwalter, die ihm vorgesetzten höheren Forstbeamten und die etatsmäßigen Schutzbeamten innerhalb ihres Dienstbezirks dürfen, solange das Fangen und Töten einzelner Tierarten von der Königlichen Regierung nicht ganz verboten ist, Füchse, Dachse, Marder, Fischottern und sonstiges kleines Raubzeug einschließlich der nicht jagdbaren Raubvögel, sowie Kaninchen, Gänse, Enten, Wachteln, Brachvögel, Waldschnepfen, Sumpfschnepfen, die nicht jagdbaren Sumpf- und Wasservögel, wilde Tauben und Drosseln erlegen und ohne Bezahlung behalten.

§ 2.

Diese den Forstbeamten gegebenen Jagdbefugnisse werden aber wie folgt beschränkt:
a) Füchse darf der Forstbeamte schießen oder fangen und mit Erlaubnis des Revierverwalters auch graben. Treibjagden auf Füchse darf er jedoch nur mit ausdrücklicher Erlaubnis des Pächters unternehmen. Die Verfügung über die Füchse, welche auf den vom Pächter auf dessen Kosten veranstalteten Treibjagden geschossen sind, steht dem Pächter allein zu.

b) Dachse darf der Forstbeamte schießen und fangen. Das Graben derselben darf nur in der Art stattfinden, daß das Zerstören der Hauptbaue vermieden wird. Es ist dazu jedesmal die besondere Erlaubnis des Revierverwalters erforderlich.

Das nächtliche Hetzen des Dachses ist gänzlich untersagt. Ebenso ist das Schießen der Dachse auf dem Anstande am Baue verboten.

c) Enten darf der Forstbeamte auf dem Zuge schießen. Das Suchen und die Jagd auf junge Enten, sowie auf Mauser=Enten ist ihm jedoch nur mit ausdrücklich dazu vorher eingeholter Genehmigung des Pächters gestattet.

d) Waldschnepfen auf dem Zuge zu schießen ist dem Forstbeamten gestattet. Das Suchen nach Waldschnepfen darf jedoch nur da, wo es ohne nachteilige Beunruhigung des Wildstandes geschehen kann, und also jedesmal nur nach vorher von dem Pächter eingeholter Erlaubnis und an den von ihm gestatteten Orten stattfinden.

e) Kleine Schnepfen und Bekassinen darf der Forstbeamte suchen und erlegen. Es steht indessen dem Pächter frei, diejenigen Orte, in welchen er diese Jagd für sich vorbehalten will, von der Mitbenutzung der Forstbeamten auszuschließen, wobei jedoch darauf zu achten ist, daß dadurch den letzteren nicht jede Gelegenheit zur Ausübung dieser Jagd entzogen wird. Entsteht über die Frage, in welchem Umfange diese Jagd den Forstbeamten zu belassen ist, Streit, so entscheidet hierüber die Regierung.

f) Den Fang der Drosseln*) darf der Forstbeamte, solange die Königliche Regierung ihn nicht verbietet, unter Beachtung der gesetzlichen und polizeilichen Vorschriften und unter gehöriger Schonung der jungen Holzbestände bei Anlegung des Dohnenstegs ausüben.

Mit dem Beginn der Schonzeit sind entweder die Dohnen abzunehmen oder die Schlingen an denselben auszuziehen oder ganz zu entfernen. Vogelherde sind verboten.

§ 3.

Die Regierung hat das Recht, die im § 1 und 2 erwähnten Befugnisse auch auf andere Forstbeamte, welche dienstlich auf dem Pachtrevier beschäftigt sind, auf Widerruf auszudehnen. (Aus der Anlage zur Verfg. betr. Allgemeine Jagdverpachtungsbedingungen. M. E. v. 23. Mai 1906. III. 6877 im M. B. f. L. pp. II. Jg. Seite 247.)

Zu § 3 der obigen „Vorschriften". Die Königliche Regierung wird von dem Recht, auch anderen auf dem Pachtrevier dienstlich beschäftigten Forstbeamten dieselben jagdlichen Befugnisse zu geben, die den im § 1 genannten Forstbeamten zustehen, in der Regel Gebrauch zu machen haben, so daß nur in Ausnahmefällen einzelne Beamte ausgeschlossen werden. (Aus dem vorstehend angezogenen M. E. vom 23. Mai 1906.)

Auszug aus der Verfügung betreffend Allgemeine Jagdverpachtungsbedingungen (M. E. v. 23. Mai 1906. III. 6877 im M. B. f. L. pp. II. Jg. S. 247). In den Fällen, in denen zur Verminderung des Wildstandes Forstbeamte mit dem Abschuß von Wild beauftragt werden müssen, steht ihnen nur für das erlegte Schwarzwild das taxmäßige Schußgeld zu, nicht aber für das übrige Wild, das für Rechnung des Jagdpächters verwertet wird. — Die Königliche Regierung hat dafür zu sorgen, daß in den Staats-Jagdrevieren nützliche Tiere geschont werden und seltene Tiere besonderen Schutz finden, damit sie der heimischen Fauna erhalten bleiben. Der § 2 wird nach den besonderen Verhältnissen eines jeden Bezirks zu erweitern und die Zahl der zu schonenden Tiere entsprechend zu ergänzen sein. In gleichem Umfange wie den Jagdpächtern ist auch den Forstbeamten das Fangen und Töten nützlicher oder seltener Säugetiere und Vögel zu verbieten. Ich mache besonders darauf aufmerksam, daß nach § 1 des Wildschongesetzes vom 14. Juli 1904 — (Bem. vergl. jetzt „Jagdordnung" vom 15. Juli 1907) — die Adler zu den jagdbaren Tieren gehören, daß mithin die Forstbeamten sie ohne besondere Erlaubnis nicht erlegen dürfen, und daß das Ausnehmen von Eiern und Jungen dieser Vögel verboten ist. Ich stelle es auch der Königlichen Regierung frei, wo sie es für wünschenswert erachtet, das Erlegen von Adlern ganz zu verbieten.

Nutzung der niederen Jagd in den Staatsforsten. „Ich bestimme hierdurch, daß die gegenwärtigen, mit den Revierverwaltern über die Nutzung der niederen Jagd in den forstfiskalischen Jagdbezirken abgeschlossenen Verträge bei ihrem Ablauf nicht wieder zu erneuern sind, daß vielmehr von 1. April d. Js. ab, soweit die laufenden Verträge dem nicht entgegenstehen, auch die niedere Jagd nach Maßgabe der Vorschriften für die Administrierung der hohen Jagd, insbesondere des § 68 der Geschäftsanweisung für die Oberförster in Verbindung mit § 65 der Dienstinstruktion für die Förster in Administration zu nehmen ist.

Ich bemerke hierzu, daß den Oberförstern innerhalb der Schranken einer pfleglichen Behandlung der Jagd und unbeschadet der den höheren Forstbeamten wie den Forstschutzbeamten nach den Vorschriften über die Befugnisse der Forstbeamten zur Nutzung des Raubzeuges und der kleinen Wildarten bei Verpachtung forstfiskalischer Jagden zustehenden Befugnis sowie der Bestimmung des letzten Satzes des Absatzes 2 des § 65 der Geschäftsanweisung für die Oberförster bezüglich des Betriebes der niederen Jagd völlig freie Hand zu lassen ist.

Das erlegte Wild der im § 69c der Geschäftsanweisung für die Oberförster benannten Wildarten kann der Oberförster, soweit solches nach dem vorstehenden nicht anderen Forstbeamten zusteht, ohne daß es einer Eintragung in die Schießbücher oder der Beschußnachweisung bedarf, auch ferner unentgeltlich in seinem Nutzen verwerten." (Aus dem M. E. vom 7. April 1909. III. 16895/08 im M. B. f. L. usw. V. Jg. Seite 185.)

Führung der Schießbücher hinsichtlich des auf solchen Jagdbezirken erlegten Wildes, die von den Revierverwaltern angepachtet sind:

---

*) Das Fangen von Vögeln mittels Schlingen ist verboten. (Vogelschutzgesetz vom 30. Mai 1908. § 2. R. G. B. S. 317 ff.)

Wenn Revierverwalter, welche Staatsjagden verwalten, angrenzende, oder nach dem Ermessen der Königlichen Regierung auch andere Jagdbezirke in Pacht haben, so ist das auf derartigen Pachtjagden erlegte Rot-, Dam- und Rehwild in den Beschußnachweisungen und in den Schießbüchern der Förster am Schluß unter der Überschrift „Abschuß auf Pachtjagden des Revierverwalters" nach den für die fiskalische Jagd geltenden Vorschriften mit der Maßgabe einzeln einzutragen, daß die für die Geldeinnahme der Forstkasse bestimmte Spalte 9 unausgefüllt bleibt. In die Beschußrechnungen sind die Eintragungen nicht zu übernehmen. Den Forstschutzbeamten ist für jedes Stück der genannten Wildarten, nicht aber für das auf diesen Pachtjagden erlegte Wild der niederen Jagd Schußgeld nach den für die Staatsjagden maßgebenden Bestimmungen zu entrichten. Bei entstehenden Zweifeln entscheidet die Königliche Regierung darüber, welcher Förster das auf Pachtjagden des Revierverwalters erlegte schußgeldpflichtige Wild in seinem Schießbuch nachzuweisen hat (M. E. vom 28. Juli 1910. III. 8299 im M. B. f. L. usw. VI. Jg. Seite 240).

Über die Verteilung der Schußgelder für administriertes Wild ist in Abänderung des Abs. 2 bestimmt, daß, wenn Schwarzwild auf der Treibjagd von einem Königlichen Forstschutzbeamten erlegt wird, der nicht Förster des betreffenden Schutzbezirks ist, der Erleger die Hälfte des taxmäßigen Schußgeldes zu erhalten hat, gleichviel ob er zu dem Forstschutzpersonale der Oberförsterei, in der die Jagd stattfindet, gehört oder nicht. — In den Königlichen Hofjagdrevieren verbleibt es bei den für die Verteilung der Schußgelder geltenden besonderen Vorschriften. — (M. E. vom 12. Mai 1906. III. 4972, M. B. f. L. usw. II. Jg. 1906 Seite 247.)

Für besonders eifrig und erfolgreich betriebene Ausrottung der wilden Kaninchen können den Forstbeamten Remunerationen zugewendet werden (M. E. vom 21. November 1899. II. 16412. II. 9424. I. B. 8455 und vom 15. März 1901. III. 1814. II. 1970. I. B. d. 2237 in D. J. B. Band XXXII Seite 92, bezw. Band XXXIII Seite 174).

Für Verminderung des insbesondere der Niederjagd schädlichen Raubzeuges in den Staatsforsten ist mit Nachdruck zu sorgen. Eine systematische Vernichtung und rücksichtslose Ausrottung sämtlicher Raubtiere ist durch diese Verordnung nicht beabsichtigt. Im Interesse der Erhaltung seltener Raubvögel, besonders der Adler, — (hinsichtlich der Adler usw. vgl. Bem. „Auszug aus der Verfg. betr. Allgem. Jagdverpachtungsbedingungen" — s. oben —) — die gewöhnlich nur vereinzelt vorkommen und daher jagdlich nicht in größerem Umfange gefährlich werden, erscheint sogar eine gewisse Schonung wünschenswert. Die Staatsforsten dürfen aber nicht als Hege- und Brutstätten schädlicher Jagdräuber den benachbarten Jagdberechtigten begründeten Anlaß zu Klagen geben. Den Forstschutzbeamten stehen für ihre Leistungen im Interesse der Verminderung des Raubzeuges Prämien und Remunerationen in Aussicht, besonders dann, wenn sich die Raubzeugvertilgung, namentlich den Abschuß des Fuchses, auch im Sommer angelegen sein lassen. Ein rechtlicher Anspruch auf diese Prämien usw. steht den Beamten jedoch nicht zu (M. E. vom 5. Juli 1904. III. 8761 in D. J. B. Band XXXVI Seite 244 und vom 19. Juni 1907. III. 7749 I. B. d. 5994 im M. B. f. L. usw. III. Jg. Seite 265).

Für den Abschuß der den Brieftauben besonders gefährlichen Raubvögel und zwar des Wanderfalken, des Habichts und des Baumfalken sowie des Sperbers — namentlich das Sperberweibchen richtet unter den Brieftauben nicht unbedeutenden Schaden an — sind durch M. E. vom 19. Mai 1890 I. 7785. II. 5582 (D. J. B. Band XXII Seite 92) gleichfalls Schußprämien in Aussicht gestellt.

Zur Vernichtung von Fischottern, Reihern und Kormoranen sind die Forstschutzbeamten und Lehrlinge verpflichtet. An Prämien werden gewährt: Für die Zerstörung besetzter Horste von Reihern und Kormoranen 3 M., für die Erlegung von Reihern und Kormoranen, ohne Rücksicht auf das Alter der Vögel und die Jahreszeit, in welcher sie erlegt werden, 50 Pfg. für das Stück. Die etatsmäßig angestellten Forstschutzbeamten erhalten auch für solche Reiher und Kormorane Prämien, welche innerhalb ihrer Schutzbezirke nicht von ihnen selbst, sondern von Personen erlegt worden sind, die nicht zu den Forstschutzbeamten gehören (M. E. vom 29. Juni 1880. I. 9462. III. 3622 in D. J. B. Band XII Seite 357 vom 25. Februar 1891. I. 994. III. 2480 in D. J. B. Band XXIII Seite 99 und vom 5. April 1897. III. 4328. I. B. 2454 in D. J. B. Band XXIX Seite 126).

Weiterhin wird zur Verminderung der Fischreiher durch M. E. vom 6. März 1896. I. B. 550. III. 1181 (D. J. B. Band XXVIII Seite 104) die Anwendung eines vom Forstmeister Reuter-Siehdichum in „Danckelmann, Zeitschrift für Forst- und Jagdwesen", 28. Jahrg. 1896 Seite 98 beschriebenen Verfahrens empfohlen. Danach sind im Monat Mai, wenn die jungen Reiher ein Alter von etwa 14 Tagen erreicht haben, die Bäume, auf denen sich die Reiherhorste befinden, durch geübte, mit leichten Rohrstöcken ausgerüstete Kletterer besteigen zu lassen und die jungen Reiher mit Hilfe der an den Stöcken angebrachten eisernen Haken herunter zu stoßen. Von unten stehenden Schützen würden dann gleichzeitig die kreisenden alten Reiher abzuschießen sein. Es wird durch den nämlichen Erlaß empfohlen, die Anwendung dieses Verfahrens auch bei den Gemeinden und Privaten, in deren Forsten Reiherstände sind, anzuregen.

Für das Erlegen von Fischottern und Fischreihern werden Prämien gegeben und sind diese bei dem Fischereiverein zu beantragen.

Für die Provinz Posen ist über die Beantragung durch Verfügung vom 5. 5. 1897 folgendes bestimmt: Anträge auf Prämien-Gewährung für erlegte Fischottern sind unter Vorlegung einer Bescheinigung der Ortsbehörde über Zeit und Ort der Erlegung sowie unter Beifügung der Otternase in getrocknetem und geruchlosem Zustande an den betreffenden Distrikts-Kommissarius zu richten, welcher vierteljährlich die Auszahlung der Prämien bei dem Fischereiverein beantragt. Anträge auf Gewährung einer Prämie für erlegte Fischreiher sind lediglich unter Vorlegung der Reiherständer an den Distrikts-Kommissarius direkt zu richten. Die Prämie ist für einen Fischotter auf 5 M., für einen Fischreiher, ob jung oder alt, auf 50 Pfg. festgesetzt, auch verabfolgt der Verein denjenigen Personen, welche in einem Rechnungsjahr mindestens fünf Fischottern erlegt haben, ein Fischottereisen. (Vgl. Radtke, Handbuch für den Preußischen Förster, 4. Aufl. Neudamm 1908 Seite 644.)

Zum Fangen von Vögeln wird die Verwendung von Eisen empfohlen, deren Bügel mit Gummi oder Werg umwickelt sind, um dadurch zu verhüten, daß die Fänge der Vögel beim Zuklappen der Bügel zerschmettert werden. Es wird bei dieser Art humaneren Fanges ermöglicht, unabsichtlich gefangene unschädliche oder nützliche Vögel wieder in Freiheit setzen, andererseits aber auch eine vorteilhaftere Verwertung der nicht verstümmelten Kadaver schädlicher Raubvögel (zur Präparation usw.) erzielen zu können (Bericht des Kaiserlichen Gesundheitsamts auf Veranlassung des Herrn Ministers für Landwirtschaft usw., abgedruckt in D. J. B. Band XXXIV Seite 167).

§ 66.

8. Kulturen.

a) Ausführung und Beaufsichtigung der Kulturen, Wegebauten usw.

Bei den Vorarbeiten zum Kultur- und Wegebauplane, z. B. der Vermessung der Kulturflächen, der Ermittlung des Umfangs der in älteren Kulturen erforderlichen Nachbesserungen, dem Vermessen und Abstecken neu anzulegender Wege und Gräben usw., hat der Förster den Oberförster nach Kräften zu unterstützen. Der Förster erhält vom Oberförster einen Auszug aus dem genehmigten Kulturplane für seinen Schutzbezirk und genaue örtliche Anweisung über die Art und Weise der Ausführung jeder einzelnen Kultur, insbesondere auch über die Höhe der zu gewährenden Tagelöhne.

Er hat nach dieser Anweisung die Kultur-, Wegebau- und sonstigen Verbesserungsarbeiten auszuführen.

Er muß deshalb für die einzelnen Kulturarbeiten, soweit sich der Oberförster die Auswahl der Kulturarbeiter nicht persönlich vorbehält, vorzugsweise nur solche Arbeiter auswählen resp. durch den Kulturmeister oder Vorarbeiter bestellen lassen, welche durch Übung schon einige Fertigkeit gerade für die vorliegende Arbeit erlangt haben, auch dafür sorgen, daß zu Arbeiten, welche durch Frauen und Kinder ebenso gut und oft besser als durch Männer verrichtet werden können, z. B. das Umlegen und Einsetzen kleiner Pflanzen, Aussäen des Samens, Reinigen der Saatkämpe usw., vorzugsweise nur Frauen und Kinder, welche mit geringerem Lohnsatze sich begnügen, verwendet werden.

Die Anstellung der Arbeiter muß der Förster für jede einzelne ihm zur Ausführung übertragene Kulturarbeit selbst besorgen und bei allen Arbeiten möglichst viel, bei den wichtigeren und den Tagelohnarbeiten, so weit es irgend tunlich, stets zugegen und in der Regel jeden Tag der Erste und der Letzte auf dem Kulturplatz sein.

Die zu den Kulturen zu verwendenden Sämereien erhält der Förster durch den Oberförster. Für deren richtige unverkürzte Verwendung ist er verantwortlich.

Die gute Ausführung der Kulturen, Wegebauten und sonstigen Verbesserungen, das Gedeihen der Pflanzungen und Saaten zu fördern, ist Pflicht und Ehrensache für den Förster. Dabei begangene Versehen und Nachlässigkeiten hat er voll zu vertreten und nach Umständen die hierdurch nutzlos verwendeten Kosten der Staatskasse zu ersetzen.

§ 67.

b) Aufstellung der Kultur-Lohnzettel.

Der Förster hat sämtliche Kultur-, Wegebau- und sonstige Verbesserungsarbeiten in seinem Arbeiter-Notizbuche (§ 42) zu verzeichnen und auf Grund dieser Notizen die Lohnzettel auszustellen, wozu ihm die Formulare vom Oberförster geliefert werden.

Auf einem Lohnzettel dürfen mehrere Positionen des Kulturplans nicht zusammengefaßt werden.

Sind Arbeiten oder Lieferungen in Verdung gegeben, so hat der Förster, sobald sie ganz oder, wenn mehrere Auslohnungen resp. Abschlagszahlungen bedungen, zu dem bestimmten Teile ausgeführt sind, nachdem er sich von der guten und verdungsmäßigen Ausführung gewissenhaft überzeugt hat, den Lohnzettel für den Arbeiter oder Lieferanten mit genauer Angabe dessen Namens und Wohnorts auszustellen und dem Oberförster zu übermitteln. Bei Tagelohnarten, welche von mehreren Arbeitern gemeinschaftlich ausgeführt sind, ist der Lohnzettel unter Angabe der Zahl der beteiligten Arbeiter auf den Namen desjenigen Arbeiters auszustellen und diesem zur Beförderung an den Oberförster zu übergeben, welcher zur Erhebung des Lohnes bei der Forstkasse und zur Verteilung des Geldes an die einzelnen Lohnempfänger von seinen Mitarbeitern bestimmt wird. Vorher hat aber der Förster auf der Rückseite des Lohnzettels den Namen eines jeden Arbeiters und den von ihm verdienten Lohnbetrag einzutragen und jeden Arbeiter hinter seinem Namen durch eigenhändige Unterzeichnung die Richtigkeit des für ihn berechneten Lohnes anerkennen zu lassen.

Die Quittung jedes einzelnen Arbeiters ist nur insoweit erforderlich, als der Lohnbetrag des Einzelnen etwa 150 M. und mehr beträgt. Für kleinere Lohnbeträge genügt die Quittung eines Bevollmächtigten für alle.

Im letzteren Falle hat der Förster zu bescheinigen, daß die vorstehend verzeichneten Arbeiter sich damit einverstanden erklärt haben, daß der Arbeiter N. aus N. die vorstehend berechneten Löhne bei der Forstkasse für sie erhebt und in ihrem Namen über dieselben zum Gesamtbetrage von . . . M. . . Pf. quittiert (M. E. vom 7. September 1880. III. 6756, 12. November 1880. III. 8756 und 21. November 1890. III. 15174 in D. J. B. Band VIII Seite 20, XIII Seite 20 und XXIII Seite 27).

§ 68.

c) Verwendung von Forst=Strafarbeitern.

Werden dem Förster zur Verwendung bei den Forst=, Kultur= und Verbesserungs=Arbeiten Forst=Strafarbeiter überwiesen, so geschieht dies seitens des Oberförsters mittels eines Verzeichnisses, in welchem die Namen der Strafarbeiter, die Zahl der von einem jeden derselben zu leistenden Arbeitstage, die Arbeit, zu welcher dieselben verwendet werden, resp. die Tagewerke angegeben sein müssen, welche dieselben leisten sollen. Der Förster muß die zur Ableistung der Strafarbeit erschienenen Arbeiter gehörig anstellen, ihnen die etwa zu leistenden Tagewerke überweisen und während der Ausführung der Arbeiten dieselben angemessen überwachen.

Nach Ableistung der Arbeitszeit oder nach Vollendung und gehörig geschehener Abnahme der aufgegebenen Tagewerke hat der Förster die in vorgedachtem Verzeichnisse für die Bescheinigung über die Verbüßung der Strafe offen gelassene Spalte gehörig und dergestalt auszufüllen, daß dadurch genau ersichtlich wird, welche Zahl von Strafarbeitstagen wirklich abgeleistet ist.

Die bescheinigte Nachweisung ist dem Oberförster zurückzugeben.

Ein gleiches Verfahren findet rücksichtlich der Forstdienstpflichtigen statt.

§ 69.

9. Waldpflege.

Es gehört zu den Dienstobliegenheiten des Försters, auch nach Ausführung der Kulturen deren Gedeihen nach Kräften zu fördern und insbesondere die Waldpflege auch selbsttätig wahrzunehmen. Zu diesem Behufe hat der Beamte bei manchen Arbeiten in den Saat= und Pflanz=Kämpen auch selbst mit Hand anzulegen und zur Förderung des Wuchses edler Holzarten, z. B. der Eiche, Messer und Hirschfänger, besonders wo es zur Beseitigung verdämmender Wüchse erforderlich ist, fleißig zu gebrauchen.

Bei den Gängen im Reviere muß der Förster seine Aufmerksamkeit stets mit darauf richten, was in diesen Beziehungen zu tun ist, und kleine Übelstände sofort abstellen. Dies gilt namentlich auch in Beziehung auf die Waldwege, auf Ableitung des Wassers zur Verhinderung von Wasserrissen, Offenhaltung der Abzugsgräben und dergleichen mehr.

Das lebendige Interesse, welches jeder Forstbeamte für die Verbesserung des Zustandes seines Reviers und für die Ordnung in demselben zu beweisen hat, wird ihm an die Hand geben, in welcher Weise er für diese Zwecke eine nützliche Selbsttätigkeit üben kann.

Über die Notwendigkeit und Möglichkeit wirksamer Bekämpfung des Kiefernbaum=schwammes ist vom Oberforstmeister Prof. Dr. Möller eine Schrift verfaßt (zu beziehen vom Verlag Julius Springer, Berlin W 9, Linkstraße 23—24, Preis 2 M.).

. . . . Zur Durchführung der von Möller vorgeschlagenen Maßregeln wolle die Königliche Regierung die Revierverwalter anweisen, innerhalb einer dort zu bestimmenden Frist für die Entfernung der Kiefernbaum=schwämme Sorge zu tragen und zwar kommen hierfür zwei Wege in Betracht:
1. Aushieb der befallenen Stämme, soweit er, ohne die Bestände in bedenklicher Weise zu durchlöchern, möglich ist,
2. Entfernen der Pilzkonsolen von den gefällten und besonders auch von denjenigen Kiefern, welche vorläufig noch stehen bleiben müssen.

An letzteren sind die Anheftungsstellen, von denen die Konsolen abgestoßen worden sind, sorgfältig mit Raupenleim von Ermisch zu bestreichen.

Die abgestoßenen Konsolen sind zu verbrennen oder ausreichend tief zu vergraben. Da nach den Möllerschen Beobachtungen die Fruchtträger besonders in den Monaten September bis einschließlich Januar Sporen entweichen lassen, so empfiehlt es sich, die Konsolen tunlichst außerhalb dieser Zeit zu entfernen. Die an schon gereinigten Stämmen etwa neu ausbrechenden Konsolen sind ebenfalls baldmöglichst abzustoßen und die Anhaftungsstellen jedesmal mit dem genannten Leim zu bestreichen. Die Königliche Regierung wolle die Lokalbeamten zur Beobachtung darüber anregen, ob, unter welchen Umständen und in welcher Zeit an Stelle der entfernten Konsolen sich neue bilden. Es ist wünschenswert, im großen Betriebe die Möllersche Beobachtung zu kontrollieren, wie lange der Raupenleim von Ermisch das Hervortreten neuer Fruchtträger verhindert, und durch geeignete Versuche festzustellen, ob andere, billigere Mittel das Bestreichen mit Raupenleim zu ersetzen vermögen. Im übrigen sind die Revierverwalter anzuweisen, zukünftig bei allen in Betracht kommenden Durchforstungen etwa vorhandene Schwammbäume sorgfältig ermitteln und grundsätzlich aus den Beständen entfernen zu lassen.

Die durch die obigen Bekämpfungsmaßregeln und Versuche erwachsenden Kosten sind, soweit nicht bezüglich der Holzfällung und Aufarbeitung der Holzwerbungskostenfonds in Anspruch zu nehmen ist, bei Kapitel 2 Titel 32 des Forstetats in Ausgabe zu verrechnen. Für diejenigen Oberförstereien, in welchen das Vorkommen des Kiefernbaumschwammes umfangreichere Maßnahmen nötig macht, sind jährlich entsprechende Eintragungen im Hauptmerkbuche nach näherer Anordnung der Königlichen Regierung vorzunehmen. Die Königliche Regierung wolle der Bekämpfung des Kiefernbaumschwammes ihre besondere Aufmerksamkeit zuwenden und dafür Sorge tragen, daß die Frage bez. der taxatorischen Behandlung der befallenen Bestände bei Beginn jeder Forstabschätzung oder Taxationsrevision in der Einleitungsverhandlung erörtert wird. Falls die Verbreitung des Kiefernbaumschwammes in einzelnen Revieren etwa so erhebliche Eingriffe in die Bestände rätlich erscheinen lassen sollte, daß vor der Zeit eine Änderung des geltenden Abschätzungswerkes nötig würde, so ist Bericht zu erstatten. Zum 1. April 1909 wird über die Ausführung und den Erfolg dieser Anordnung unter Abgabe der in den einzelnen Jahren und Oberförstereien entstandenen Kosten Bericht erwartet (M. E. vom 10. Dezember 1904. III. 15326 in D. J. V. Band XXXVII, Seite 34).

Im Anschluß an die allgemeine Verfügung vom 10. Dezember 1904. III. 15326 (f. vorst.) bestimme ich, daß alle von dem **Schwamm befallenen Kiefern**, die im laufenden Wirtschaftsjahre noch nicht zum Einschlage kommen, soweit dies noch nicht geschehen sein sollte, bis spätestens 1. August f. J. in dauernder und auf weitere Entfernung erkennbarer Weise zu bezeichnen sind (M. E. vom 22. Dezember 1905. III. 16207 im M. B. f. L. usw. II. Jg. Seite 46).

Die **Bekämpfung des Kiefernbaumschwammes** ist in der durch die beiden vorstehenden Erlasse angeordneten Weise fortzusetzen. Besonderes Gewicht ist auf den rechtzeitigen Aushieb der Schwammbäume bei den Durchforstungen der jüngeren, etwa 50—70 jährigen Bestände zu legen. Es empfiehlt sich, für Schwammbäume, die in solchen Beständen nach der Auszeichnung der Durchforstung gefunden werden, eine Prämie von 10—20 Pfg. zu zahlen. In Revieren, wo die erstmalige gründliche Reinigung von Schwammbäumen bereits durchgeführt ist, wird auch die Gewährung einer angemessenen Prämie für jede, beim planmäßigen Durchsuchen der Bestände gefundene Schwammkiefer von Nutzen sein. Die Versuche, ob für das Bestreichen der Anhaftungsstellen der Konsolen außer dem Raupenleim von Ermisch auch andere, billigere Mittel geeignet sind, können als abgeschlossen gelten. In Zukunft ist ausschließlich Raupenleim von Ermisch zu benutzen. Zum 1. April 1913 erwarte ich über den Fortgang der Arbeiten, ihren Erfolg und die aufgewendeten Kosten weiteren Bericht (M. E. vom 16. März 1910. III. 3160 im M. B. f. L. usw. VI. Jg. Seite 126).

§ 70.
10. Dienstpapiere und Inventarienstücke.

Sämtliche Verordnungen, Regulative und Instruktionen, welche dem Förster übergeben werden, hat derselbe in ein Aktenstück zu heften und mit seinen Nummerbüchern, Verabfolgezetteln und sonstigen Dienstpapieren in einem wohl verschlossenen Schranke aufzubewahren, auch für die Erhaltung und Aufbewahrung aller ihm sonst noch übergebenen Inventarienstücke, namentlich der Kultur-Instrumente, gehörig Sorge zu tragen.

Für die Inventarienstücke, die sich in den Händen der Forstschutzbeamten befinden, hat der Oberförster in Zukunft die alleinige Verantwortung. Zur Unterhaltung und Ergänzung des Inventars der Oberförster- und Försterstellen innerhalb der aus Kapitel 2 Titel 30 zu überweisenden Mittel sind die Oberförster selbständig befugt (M. E. vom 23. Dezember 1910. III. 13961 im M. B. f. L. usw. VII. Jg. Seite 24 ff.).

III. Allgemeine Bestimmungen.

§ 71.
1. Anwendung der Instruktion auf die Forstschutzbeamten überhaupt.

Die Bestimmungen vorstehender Dienst-Instruktion sind maßgebend auch für Revierförster, Hegemeister, Forstaufseher, Hilfsjäger, Waldwärter, und überhaupt für alle Forstschutzbeamte in Beziehung auf ihr Dienstverhältnis im allgemeinen sowie in Beziehung auf die ihnen obliegenden Funktionen für den Forstschutz und die ihnen übertragenen sonstigen Förstergeschäfte.

Die im § 65 erwähnten Befugnisse bezüglich der Jagd stehen jedoch nur den etatsmäßig angestellten Forstschutzbeamten zu. Ob und inwieweit sie auch den Forstaufsehern und Hilfsjägern einzuräumen, hat der Oberförster im einzelnen Falle zu bestimmen.

§ 72.
2. Bestrafung der Dienstvergehen und Regreßpflicht.

Der Forstbeamte, welcher vorstehender Instruktion zuwiderhandelt und seine Amtspflicht versäumt oder verletzt, hat außer den ihn nach den allgemeinen Strafgesetzen oder Verordnungen etwa treffenden Strafen, disziplinarische Bestrafung zu gewärtigen, welche nach Umständen, insbesondere auch schon bei der ersten Zuwiderhandlung gegen die §§ 2, 16—20, 27, 28, 35 dieser Instruktion, in Dienstentlassung bestehen kann.

Außerdem hat der Beamte jedes bei der Führung seines Amtes begangene Versehen, welches bei gehöriger Aufmerksamkeit und nach den Kenntnissen, die für die Verwaltung des Amtes erfordert werden, hätte vermieden werden können und sollen, zu vertreten und den durch sein Verschulden dem Staate erwachsenen Schaden zu ersetzen.

Vorgesetzte, welche durch vorschriftsmäßige Aufmerksamkeit die Amtsvergehungen ihrer Untergebenen hätten hindern können, sind für den aus Vernachlässigung dessen entstehenden Schaden subsidiarisch mit verhaftet.

Berlin, den 23. Oktober 1868.

Der Finanz-Minister
Frhr. v. d. Heydt.

Anleitung zur Führung des Flächenregisters. M. 0,40.

Anleitung zur Waldwertberechnung, im Auftrage des Finanzministers verfaßt vom Kgl. Preuß. Minist. Forstbureau im Jahre 1866. Abdruck der amtl. Ausg. mit Berücksichtigung der neuen Maße und der Deutschen Reichswährung. 1888. M. 2,—.

Anweisung zur Anlegung und Führung des Kontrolbuchs vom 20. März 1895 unter Berücksichtigung der bis 1. November 1904 verfügten Änderungen. 1904. M. —,40.

Anweisung für die Aufstellung und Ausführung von Dränage-Entwürfen. Herausgegeben von der Königl. General-Kommission für die Provinz Schlesien. Mit 2 Karten und 1 Tafel. Vierte, umgearbeitete Auflage. 1911. Kartoniert M. 2,25.

Geschäfts-Anweisung für die Oberförster der Königlich Preußischen Staatsforsten vom 4. Juni 1870 unter Berücksichtigung der bis zum 1. Juni 1904 ergangenen Änderungen. 1904. M. 2,50.

Gesetz über den Waffengebrauch der Forst- und Jagdbeamten nebst Instruktionen für die Königl. Forst- und Jagdbeamten sowie für die Kommunal- und Privat-Forst- und Jagd-Offizianten. Dritte Auflage. 1896. M. —,25.

Grundriß der Verfassung und Verwaltung in Preußen und dem Deutschen Reiche. Von Graf **Hue de Grais.** Zehnte Auflage. 1910. Kartoniert M. 1,—.

Die Jagdgesetzgebung. Jagdrecht, Jagdausübung, Jagdschutz. Von Landforstmeister a. D. **W. Schultz** und **G. Frhr. v. Seherr-Thoß,** Regierungspräsident. Zweite, neubearbeitete Auflage. 1908. M. 3,60; in Leinwand gebunden M. 4,40.

Vorschriften für Ausführung der Forstvermessungs- und Abschätzungs-Arbeiten. Zweite, vermehrte Auflage. 1899. M. 0,50.

Leitfaden für die Försterprüfungen. Ein Handbuch für den Unterricht und den Selbstunterricht unter Berücksichtigung der preußischen Verhältnisse sowie für den praktischen Forstwirt. Von **G. Westermeier.** Mit 144 Holzschnitten und Spurentafel. Elfte, zum Teil umgearbeitete Auflage des Leitfadens für das preußische Jäger- und Förstererexamen. 1909. In Leinwand gebunden M. 6,—.

Forst- und Jagd-Kalender.

Begründet von **Schneider** und **Judeich.**

Bearbeitet von

Dr. M. Neumeister, und **M. Netzlaff,**
Geh. Oberforstrat und Oberforstmeister in Dresden. Rechnungsrat im Kgl. Preuß. Ministerium für Landwirtschaft, Domänen und Forsten.

Erscheint alljährlich im Herbst.

Erster Teil:
Kalendarium, Wirtschafts-, Jagd- und Fischerei-Kalender. Hilfsbuch, verschiedene Tabellen und Notizen.

Ausgabe A. Schreibkalender (108 Seiten), 7 Tage auf der linken Seite, rechte Seite frei.
Preis: in Leinwd. M. 2,—; in Leder M. 2,50.

Ausgabe B. Schreibkalender (188 Seiten), auf jeder Seite nur 2 Tage.
Preis: in Leinwd. M. 2,20; in Leder M. 2,70.

Zweiter Teil:
Statistische Übersicht der Forsten des Deutschen Reichs und Personalstand der Deutschen Forst-Verwaltungen auf Grund amtlicher Mitteilungen, Nachrichten über die forstlichen Unterrichtsanstalten Deutschlands und über die Forstvereine.

Für die Käufer des I. Teiles M. 2,— (sonst M. 3,—).

Zu beziehen durch jede Buchhandlung.

MIX
Papier aus verantwortungsvollen Quellen
Paper from responsible sources
FSC® C105338

If you have any concerns about our products,
you can contact us on
ProductSafety@springernature.com

In case Publisher is established outside the EU,
the EU authorized representative is:
**Springer Nature Customer Service Center GmbH
Europaplatz 3, 69115 Heidelberg, Germany**

Printed by Libri Plureos GmbH
in Hamburg, Germany